J. Nitsch · J. Luther

Energieversorgung der Zukunft

Rationelle Energienutzung
und erneuerbare Quellen

Mit 38 Abbildungen und 37 Tabellen

Springer-Verlag Berlin Heidelberg New York
London Paris Tokyo Hong Kong 1990

Dr.-Ing. Joachim Nitsch
Deutsche Forschungsanstalt für Luft- und Raumfahrt,
Studiengruppe Energiesysteme, Stuttgart

Dr. rer. nat. Joachim Luther
Professor, Universität Oldenburg, Arbeitsgruppe Physik regenerativer
Energiequellen, Oldenburg

ISBN-13:978-3-540-51753-5   e-ISBN-13:978-3-642-93446-9
DOI: 10.1007/978-3-642-93446-9

CIP-Kurztitelaufnahme der Deutschen Bibliothek
Nitsch, Joachim: Energieversorgung der Zukunft
Joachim Nitsch; Joachim Luther
Berlin; Heidelberg; New York;
London; Paris; Tokyo; Hong Kong : Springer 1990
ISBN-13:978-3-540-51753-5

NE: Luther, Joachim

Dieses Werk ist urheberrechtlich geschützt. Die dadurch begründeten Rechte, insbesondere die der Übersetzung, des Nachdrucks, des Vortrags, der Entnahme von Abbildungen und Tabellen, der Funksendung, der Mikroverfilmung oder der Vervielfältigung auf anderen Wegen und der Speicherung in Datenverarbeitungsanlagen, bleiben, auch bei nur auszugsweiser Verwertung, vorbehalten. Eine Vervielfältigung dieses Werkes oder von Teilen dieses Werkes ist auch im Einzelfall nur in den Grenzen der gesetzlichen Bestimmungen des Urheberrechtsgesetzes der Bundesrepublik Deutschland vom 9. September 1965 in der Fassung vom 24. Juni 1985 zulässig. Sie ist grundsätzlich vergütungspflichtig. Zuwiderhandlungen unterliegen den Strafbestimmungen des Urheberrechtgesetzes.

© Springer-Verlag Berlin Heidelberg 1990
Softcover reprint of the hardcover 1st edition 1990

Die Wiedergabe von Gebrauchsnamen, Handelsnamen, Warenbezeichnungen usw. in diesem Buch berechtigt auch ohne besondere Kennzeichnung nicht zu der Annahme, daß solche Namen im Sinne der Warenzeichen- und Markenschutz-Gesetzgebung als frei zu betrachten wären und daher von jedermann benutzt werden dürften.

Sollte in diesem Werk direkt oder indirekt auf Gesetze, Vorschriften oder Richtlinien (z. B. DIN, VDI, VDE) Bezug genommen oder aus ihnen zitiert worden sein, so kann der Verlag keine Gewähr für Richtigkeit, Vollständigkeit oder Aktualität übernehmen. Es empfiehlt sich, gegebenenfalls für die eigenen Arbeiten die vollständigen Vorschriften oder Richtlinien in der jeweils gültigen Fassung hinzuzuziehen.

Satz: H. Hagedorn, Berlin

Vorwort

Sonnenenergie ist unser aller Lebensgrundlage. Die Menschheit ist zwar in der Lage, die Sonnenenergiereservoire, welche in Millionen Jahren in Form fossiler Energieträger gefüllt wurden, in wenigen Jahrzehnten zu leeren; die Sonne selbst „abzuernten", haben wir jedoch noch nicht ernsthaft begonnen. Erst seit rund 15 Jahren werden die Technologien zur Nutzung von Sonne, Wind und Biomasse in Europa systematisch untersucht, erforscht und entwickelt. Heute bezweifeln nur noch wenige, daß die technologischen Möglichkeiten, erneuerbare Energiequellen in nützliche Energieträger wie Strom, Wärme, Treib- und Brennstoffe zu überführen, bestehen. Es wird jedoch im allgemeinen ihre „Wirtschaftlichkeit" in naher und mittlerer Zukunft bestritten.

Auch über ihre Potentiale gibt es sehr unterschiedliche Vorstellungen, zumal zahlreiche Angaben aus wissenschaftlichen Gutachten und Studien oft nur verkürzt und ohne Nennung der zahlreichen Annahmen wiedergegeben werden. Ähnliches gilt für viele Technologien der rationellen Energienutzung, wenn auch zugestanden wird, daß sie deutlich näher an der Wirtschaftlichkeitsschwelle liegen und in vielen Fällen lediglich Hemmnisse politischer, struktureller und energiewirtschaftlicher Art ihren Einsatz verhindern oder verlangsamen.

Das vorliegende Buch versucht, einen Beitrag zur Klärung dieser Fragen zu liefern. Es stellt – am Beispiel der Bundesrepublik Deutschland – eine aktuelle Bilanz der Möglichkeiten rationeller Energienutzung und erneuerbarer Energiequellen für ein mitteleuropäisches Industrieland dar.

Die Titelgrafik stellt die zeitlichen Etappen dar, in denen der Umbau unserer Energiewirtschaft vorgenommen werden kann: Die gegenwärtig dominierenden fossilen Energien (F) werden schrittweise zurückgedrängt. Auf die Kernenergie (K) kann bis zum Jahr 2020 verzichtet werden. Erreicht wird dies durch beträchtliche Energieeinsparungen (E) innerhalb dieses Zeitraumes und durch die Erschließung solarer Energiequellen (S).

Den Autoren kam es darauf an zu zeigen, was die Sonne auf der Basis eines intelligenten und sparsamen Umgangs mit Energie leisten kann, wenn man sich ihrer energiepolitisch und energiewirtschaftlich beherzt und kreativ annimmt. Sie stellen eine Reihe technisch „realistischer" Szenarien einer zukünftigen Energieversorgung dar und diskutieren an deren Ergebnissen die notwendigen Veränderungen und Entwicklungen, die teilweise bereits heute einsetzen müssen, wenn innerhalb einiger Jahrzehnte die Basis unserer Energieversorgung zu erneuerbaren Energiequellen hin verschoben werden soll. Diese Szenarien sind sicherlich auch deshalb nützlich, weil sie mögliche Reaktionen auf die durch unser gegenwärtiges Energieversorgungssystem hervorgerufene CO_2-Problematik aufzeigen. Ein weiterer Abschnitt über die Kosten der Nutzung erneuerbarer Energiequellen und ihre zukünftigen Entwicklungsmöglichkeiten schließt sich an. Abgerundet werden die Ausführungen durch Überlegungen zur volkswirtschaftlichen Bewertung der Solarenergie.

Wissenschaftliche Gutachten, Studien und Projekte, an denen die Autoren beteiligt waren, Modellrechnungen und Experimente der jeweiligen Arbeitsgruppen in Stuttgart und Oldenburg bilden die Grundlage der Arbeit. Weitere zahlreiche einschlägige Untersuchungen und die aktuelle Diskussion über die drohende globale Klimaveränderung lieferten weiteres Material.

Wertvolle Anregungen ergaben die Diskussionen im Arbeitskreis „Energie" der Deutschen Physikalischen Gesellschaft. Besonders interessante Ideen steuerte Professor Dr. C.-J. Winter. Zu großem Dank verpflichtet sind die Autoren ihren Mitarbeitern Dr. H. Klaiß, J. Meyer und M. Nast in Stuttgart sowie in Oldenburg für zahlreiche Einzelbeiträge und Diskussionen. Den Sekretärinnen Ch. Bührig-Herholz, M. Bauer und G. Winthuis sei für die rasche Anfertigung des Manuskripts gedankt. Ebenso danken wir dem Springer-Verlag, daß er bereit war, dem wichtigen Thema Energie ein weiteres Buch in seinem angesehenen Verlagsprogramm zu widmen.

Stuttgart und Oldenburg, im Dezember 1989   J. Nitsch · J. Luther

Inhalt

1 Einleitung 1

2 Der Beitrag rationeller Energieverwendung zur Entlastung der zukünftigen Energieversorgung 6

2.1 Bedeutung rationeller Energieverwendung 6

2.2 Bisherige Erfolge rationeller Energieverwendung und Struktur der Energienachfrage in der Bundesrepublik Deutschland ... 9

2.3 Zukünftige Möglichkeiten rationeller Energienutzung 15

2.4 Szenarien des zukünftigen Energieverbrauchs in der Bundesrepublik Deutschland 23

3 Zukünftiger Beitrag erneuerbarer Energiequellen zur Energieversorgung der Bundesrepublik Deutschland 34

3.1 Ausgangssituation 34

3.2 Prinzip der Potentialermittlung für mitteleuropäische Länder — Fallbeispiel Bundesrepublik Deutschland 35

3.3 Solarthermische Kollektoranlagen auf Gebäudedächern 38

3.4 Energetische Nutzung von Abfallbiomassen und Müll 43

3.5 Nutzung der Wasserkraft 46

3.6 Lokale Nutzung der Windenergie 47

3.7 Lokale Photovoltaikanlagen im netzgekoppelten Betrieb 52

3.8 Gesamtpotential lokalerEnergieerzeugung mittels erneuerbarer Energiequellen 52

3.9 Optionen für eine großflächige Nutzung erneuerbarer Energiequellen 57

4	Einspeisung fluktuierender Energie aus Solar- und Windenergiekonversion in elektrische Verbundnetze	62
5	Solarer Wasserstoff als Energiespeicher und Endenergieträger	73
5.1	Speichersysteme für elektrische Energie aus Solar- und Windenergiequellen	73
5.2	Wasserstoff als Endenergieträger	75
6	Kurz- und mittelfristige Ausbaumöglichkeiten erneuerbarer Energiequellen	77
6.1	Der Zeitraum bis 2000	77
6.2	Der Zeitraum von 2000 bis etwa 2020	78
7	Langfristige Nutzungsmöglichkeiten erneuerbarer Energiequellen bei starker Reduktion fossiler Energieträger und Verzicht auf Kernenergie (Zeitraum bis etwa 2050)	81
7.1	Szenario III,1: Umfassende Nutzung lokaler erneuerbarer Energiequellen	84
7.2	Szenario III,2: Deutliche Nutzung lokaler regenerativer Energiequellen und Import von Solarwasserstoff zur Elektrizitätsbereitstellung	86
7.3	Szenario III,3: Eingeschränkte Nutzung lokaler erneuerbarer Energiequellen und Import von Solarwasserstoff zur Elektrizitäts- und Wärmebereitstellung	87
7.4	Szenario II,1: Deutliche Nutzung lokaler regenerativer Energiequellen und Import von Solarwasserstoff zur Elektrizitätserzeugung bei relativ höherer Stromnachfrage	88
7.5	Szenario I,1: Umfassende Nutzung lokaler erneuerbarer Energiequellen und Import von Solarwasserstoff bei deutlich höherer Endenergienachfrage	89
7.6	Vergleich und Bewertung der Szenarien; Perspektiven	89
8	Die Kosten der Nutzung erneuerbarer Energiequellen	95
8.1	Kostenreduktion durch Technologieentwicklung und Markteinführung	95
8.2	Investitions- und Energiegestehungskosten einiger Solartechnologien	97

8.3	Die Vergütung für Elektrizität aus Solaranlagen	111
9	Volkswirtschaftliche Bewertung der Sonnenenergie	113
10	„Solarindustrie" als Wirtschaftsfaktor	119
10.1	Modellfall Windenergie	119
10.2	Solarkollektoren	122
10.3	Ausblick	123
11	Zur öffentlichen Förderung erneuerbarer Energiequellen	125
Literatur		128
Sachverzeichnis		133

1 Einleitung

Die zukünftige globale Energieversorgung ist keineswegs gesichert. Derzeitig niedrige Energiepreise, das reichliche Angebot an Öl, Gas und Kohle sowie Einsparungserfolge beim Verbrauch in den westlichen Industrieländern verstellen allzu leicht den Blick auf kommende Probleme und Krisen. Dabei sind die Grenzen und Unvollkommenheiten der herkömmlichen, auf fossilen und nuklearen Energien beruhenden Energieversorgung in den letzten Jahren deutlich sichtbar geworden. Es bedurfte allerdings einiger einschneidender Ereignisse, bevor Öffentlichkeit, Politik und Energiewirtschaft diese zur Kenntnis nahmen und mehr oder weniger bereitwillig darauf reagierten.

— Während die Ölpreiskrisen 1973 und 1978/79 stiegen Energiepreise in Bereiche, die zuvor als völlig unwahrscheinlich galten. Zwar ist in absehbarer Zeit keine einschneidende Verknappung fossiler Energierohstoffe zu befürchten, die Zeitspanne preiswerter und reichlich vorhandener Öl- und Gasvorräte wird jedoch nur noch einige Jahrzehnte währen.

— Die ökologischen Belastungen durch fossile Energiewandlung und -nutzung werden immer bedrohlicher. Als besonders dramatisch zeichnet sich die Gefahr einer globalen Klimaveränderung durch den stetig steigenden Kohlendioxidgehalt und weiteren, die Wirkungen verstärkenden Spurengasen in der Atmosphäre ab. Die gegenwärtigen Erkenntnisse verlangen eine deutliche Reduzierung ihrer Emissionen innerhalb der nächsten Jahrzehnte [2, 3].

— Die sich lange Zeit anbietende Option einer nichtfossilen Energieversorgung – die Kernspaltung – war gleichzeitig immer Gegenstand kritischer Betrachtungen hinsichtlich ihrer Kosten bei einer *langfristig in jedem Fall* erforderlichen Kernbrennstoffausnutzung durch Brüterkraftwerke und Wiederaufbereitung, vor allem aber bezüglich ihrer grundsätzlichen Risiken, die die Frage nach der Sozialverträglichkeit dieser Technologie aufgeworfen haben. Untersuchungen zu diesem Problemkreis (z. B. [5, 6, 7]), die durch die Katastrophe von Tschernobyl eine besondere Aktualität erhielten, lassen starke

Zweifel aufkommen, ob größere Kernenergiesysteme, wie sie für einen nennenswerten Ersatz fossiler Energie erforderlich wären, überhaupt verantwortbar sind. In einigen Ländern ist der Verzicht auf sie beschlossene Sache, in vielen anderen ist die Akzeptanzbereitschaft gering. Besonders für Entwicklungsländer scheint die Kernenergie keine ernsthaft einsetzbare Option zu sein.

Doch die wachsende Menschheit braucht Energie. Gleichzeitig muß sie an Gewinnung, Umwandlung und Nutzung strengere Kriterien anlegen als bisher, soll der Nutzen einer bisher ausreichenden Energieversorgung nicht in eine Gefährdung unserer zukünftigen Lebensgrundlagen umschlagen. Die Menschheit muß also nach Möglichkeiten zur Energieversorgung Ausschau halten, für die folgende Eigenschaften unerläßlich sind. Sie sollen

— unerschöpflich sein und ein ausreichendes Energieangebot garantieren,
— ökologisch unbedenklich sein und sich weitgehend in natürliche Kreisläufe einfügen,
— sozialverträglich sein und sich den Lebensgewohnheiten und Siedlungsstrukturen menschlicher Gesellschaften anpassen können,
— sich in demokratische Vielfalt einfügen und ausreichende Gestaltungsmöglichkeiten für den einzelnen Bürger, für Kommunen und Wirtschaft, für nationale und internationale Politik zulassen,
— in der Lage sein, die extrem ungleiche Verteilung von Energie zwischen Reich und Arm, Nord und Süd abzubauen und insbesondere der Dritten Welt zu einer ausreichenden Energieversorgung zu verhelfen,
— zukünftigen Generationen keine nicht zu bewältigenden Hypotheken aufbürden und auch ihnen noch genügend Handlungsspielräume für Veränderungen erlauben.

Die Autoren sind – mit vielen anderen – der Meinung, daß lediglich die erneuerbaren Energiequellen in ihrer ganzen Vielfalt in Verbindung mit einem wesentlich weniger verschwenderischen Umgang mit allen Arten von Energie diesen Kriterien genügen. Allerdings erfordert ihre Weiterentwicklung und Mobilisierung noch ganz erhebliche Anstrengungen, denen sich vor allem die wohlhabenden Industrieländer stellen müssen. Selbstverständlich unterliegt auch ihre Nutzung Begrenzungen und bewirkt Umweltbeeinflussungen schon allein deshalb, weil Rohstoffe für technische Aggregate benötigt werden und weil die Anlagen gebaut, gewartet und erneuert werden müssen. Auch lassen sich erneuerbare Energien im Vergleich zu fossilen Energiequellen nur mit höheren Kosten in nutzbare Energieträger wie Elektrizität, Treib- und

1 Einleitung

Brennstoffe und Nutzwärme umwandeln, wenn auch noch beträchtliche Kostensenkungen möglich sind.

Jedoch nur mit erneuerbaren Energiequellen lassen sich die Probleme der Umweltgefährung, der Erschöpfung von Ressourcen, der Gefährdung durch Energietechniken und der sozialen Belastungen durch Energieversorgung *integral* angehen, ohne wie bei den Alternativen fossile oder nukleare Energie zwischen „Scylla" und „Charybdis" wählen zu müssen.

Erneuerbare Energiequellen besitzen insbesondere kein Gefährdungspotential, welches regional, national oder gar international Lebensräume und Völker beeinträchtigen könnte. Auch Mißbrauchsmöglichkeiten, wie wir sie von Technologien der Kernenergie oder der chemischen Industrie kennen und fürchten und die wir, allerdings nicht immer erfolgreich, durch Verträge, Gesetze und Kontrollen zu verhindern suchen, gibt es nicht. Solarzellen, Windenergie- und Biogasanlagen oder Wasserturbinen können bedenkenlos in alle Welt exportiert werden. Sie können so den internationalen Handel und wissenschaftlichen Austausch fördern oder gar an die Stelle „alter" Technologien oder nicht mehr expansionsfähiger Produkte treten und so wirtschaftliche Stabilität sichern helfen.

Die Weiterentwicklung solarer Technologien, mehr noch der Aufbau einer „solaren" Energieversorgung, erfordert jedoch ein Umdenken in der Energiewirtschaft, hinsichtlich der Dritten Welt auch in der Entwicklungshilfepolitik.

In Ländern mit mäßigem solaren Energieangebot – wie dem unsrigen – können erneuerbare Energiequellen überwiegend nur mit Anlagen kleinerer und mittlerer Leistung – von einigen Kilowatt bis zu mehreren zehn Megawatt – genutzt werden. Ihr Ausbau wird daher der gegenwärtigen, stark auf eine relativ geringe Anzahl Großkraftwerke, Raffinerien und Bergwerke sowie wenigen zentralen Einspeisepunkten der Erdgasversorgung abgestützten Energieversorgung zahlreiche dezentrale Anlagen hinzufügen. Die Potentiale einzelner erneuerbarer Energien betragen landesweit oft nur wenige Prozent. Lokal können sie jedoch teilweise beträchtliche Anteile des Energieverbrauchs decken. Beispiele sind Biomasse mit möglichen Anteilen in einzelnen Landgemeinden bis zu zwei Dritteln am Haushalts- und Kleinverbraucherenergiebedarf oder Wasser- und Windkraftpotentiale an speziellen Standorten.

Eine „energetisch sensiblisierte" Kommune hat natürlicherweise sehr viel mehr Interesse an ihrer Nutzung als ein überregionales Energieversorgungsunternehmen. Eine Voraussetzung für eine möglichst weitgehende Erschließung erneuerbarer Energiequellen, in vielen Fällen ebenso für den möglichst rationellen Umgang mit Energie, ist daher die Stärkung der kommunalen Einflußnahme auf „ihre" Energieversorgung. Kommunen müßten sich wieder stärker als bisher um eine möglichst optimale Erschließung eigener Energieressourcen und Abfallenergie – wie z. B. Industrieabwärme, Müllverwertung u. ä. – kümmern, anstatt die Energieversorgung völlig an überregionale Energieversorgungsunternehmen abzutreten.

In Ländern der Dritten Welt, oft in Gebieten hohen solaren Energieangebots liegend, muß vorrangig eine dezentrale und angepaßte Energieversorgung von Millionen Menschen in ländlichen Räumen „vor Ort" aufgebaut werden, um die problematische und destabilisierende Landflucht zu bremsen. Dazu werden vor allem Techniken zur kleinräumigen Nutzung von Wasserkraft, zur Verwertung von pflanzlichen und tierischen Abfällen im Dorfverbund und zur Erzeugung und Speicherung von Strom und Wärme aus Solarstrahlung und Windenergie benötigt. Vorteilhafterweise lassen sich diese Techniken in vielen Fällen den Lebensgewohnheiten, dem technischen Wissen und dem handwerklichen Geschick der Menschen anpassen. Sie sind daher in „gutem Sinne" Entwicklungshilfe, ohne diesen Ländern Sachzwänge aufzuprägen. Stabilisierung und Unterstützung ländlicher Räume und Strukturen in der Dritten Welt heißt daher vielfach, vorrangig die dezentralen Technolgien der Nutzung erneuerbarer Energien für diese Länder verfügbar zu machen.

Trotz dezentraler Nutzungsstrukturen sollten Solarenergietechnologien nicht als anspruchslose, unattraktive „Kleintechnik" mißverstanden werden. Das Gegenteil dürfte der Fall sein. Die Vielfalt der solaren Energien, ihre festliegende, meist fluktuierende Darbietungsform, ihre vorgegebene Energiedichte stellen hohe Anforderungen an Wissenschaft, Industrie und Energiewirtschaft. Modernste, konstensenkende Fertigungsverfahren für hohe Stückzahlen, sparsamsten Materialverbrauch mit weitgehenden Wiederverwertungsmöglichkeiten, Mikroelektronik und Computer für optimale Regelung und Steuerung, möglichst hohe Ausbeuten der Anlagen, neue Materialien und Verfahren sind die Herausforderungen, die ein Zeitalter sparsamen Umgangs mit Energie und solarer Energienutzung an die Volkswirtschaft stellen. Sie müssen bewältigt werden, wenn wir die Qualitäten erneuerbarer Energien nutzen wollen.

Von besonderer Bedeutung ist dies vor allem für die längerfristig angestrebte großflächige Nutzung der Solarenergie im In- und Ausland. Hierfür werden „Solarindustrien" benötigt, die von ähnlicher Wirtschaftskraft und Bedeutung sein werden wie die heutigen „Energieindustrien", die allein für die Bundesrepublik Deutschland derzeit rund 50

Mrd. DM pro Jahr umsetzen (Investitionen und Import von Energieträgern). Erst wenn diese Entwicklung sich abzeichnet, wird man von einer echten Ablösung der herkömmlichen fossilen und nuklearen Energieversorgung sprechen und die oft als „additive" Energien bezeichneten erneuerbaren Quellen zur „alternativen" Energieversorgung machen können.

2 Der Beitrag rationeller Energieverwendung zur Entlastung der zukünftigen Energieversorgung

2.1 Bedeutung rationeller Energieverwendung

Der Energieverbrauch einer Volkswirtschaft hängt von zahlreichen Randbedingungen und Einflußgrößen ab: Klima, Lebensgewohnheiten, Wohlstandsniveau, Bildungsstand, Volkseinkommen, Energiepreise, Technologieniveau, Industriestruktur, Zugang zu Energieressourcen u. a. m. Benötigt wird Energie zunächst einmal für lebensnotwendige Bedürfnisse wie Nahrung, Wohnen und Körperpflege, dann für eine mehr oder weniger umfangreiche und vielfältige Güterproduktion, für Dienstleistungen aller Art, für Kommunikation und Mobilität.

Eine der gebräuchlichsten Kenngrößen zur Ableitung des Energieverbrauchs einer Volkswirtschaft aus ihrem Aktivitätsniveau ist das Bruttosozialprodukt (BSP). In erster Näherung besteht eine deutliche Abhängigkeit zwischen beiden Größen (Bild 2.1). Dies gilt jedoch genau genommen nur für Länder mit niedrigem Bruttosozialprodukt, welche Wirtschaftswachstum nur mit überproportionalem Einsatz von Energie (Elastizitätskoeffizient = Quotient aus den Wachstumsraten von Energieverbrauch und BSP > 1) verwirklichen können [1]. Ländern mit modernen, industrialisierten Volkswirtschaften bieten sich dagegen vielfältige Möglichkeiten, ein hohes Wohlstandsniveau aufrechtzuerhalten.

Bild 2.1 kann entnommen werden, daß ein Pro-Kopf-Bruttosozialprodukt von 12 800 US-$ (1983) ±10% mit bis um den Faktor 3 unterschiedlichem Pro-Kopf-Energieverbrauch verwirklicht werden kann. Teilweise sind unterschiedliche volkswirtschaftliche Strukturen (z. B. unterschiedliche Anteile von Grundstoffindustrie), Lebensgewohnheiten (z. B. die hohe Mobilität in Nordamerika) und Klimata für diese großen Differenzen verantwortlich. Einen sehr hohen Pro-Kopf-Energieverbrauch haben jedoch ausnahmslos Staaten, welche über sehr preiswerte heimische Energie verfügen oder bisher verfügten. Deshalb spielte rationelle Energieverwendung während ihrer gesamten industriellen Entwicklung nur eine untergeordnete Rolle. Dagegen liegt im

2.1 Bedeutung rationeller Energieverwendung 7

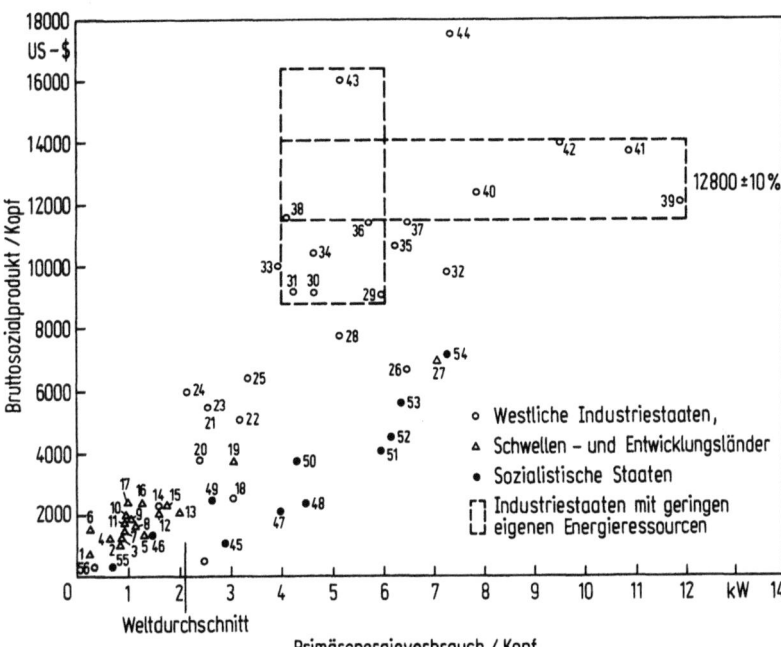

Bild 2.1. Pro-Kopf-Bruttosozialprodukt und Pro-Kopf-Primärenergieverbrauch dreier Staatengruppen. Nach [83, 84]. 1 Elfenbeinküste, 2 Costa Rica, 3 Türkei, 4 Tunesien, 5 Jamaika, 6 Paraguay, 7 Ecuador, 8 Jordanien, 9 Malaysia, 10 Chile, 11 Brasilien, 12 Süd Korea, 13 Argentinien, 14 Portugal, 15 Mexiko, 16 Algerien, 17 Uruguay, 18 Süd Afrika, 19 Venezuela, 20 Griechenland, 21 Spanien, 22 Irland, 23 Israel, 24 Hong Kong, 25 Italien, 26 Singapur, 27 Trinidad & Tobago, 28 Neuseeland, 29 Belgien, 30 Großbritannien, 31 Österreich, 32 Niederlande, 33 Japan, 34 Frankreich, 35 Finnland, 36 BR Deutschland, 37 Australien, 38 Dänemark, 39 Kanada, 40 Schweden, 41 Norwegen, 42 USA, 43 Schweiz, 44 Kuwait, 45 Nord Korea, 46 Kuba, 47 Ungarn, 48 Rumänien, 49 Jugoslawien, 50 Polen, 51 Bulgarien, 52 UdSSR, 53 Tschechoslowakei, 54 DDR, 55 China, 56 Indien (Werte des Jahres 1983).

Bereich 4 bis 6 kW/Kopf[1] Energieverbrauch eine Gruppe westlicher Industriestaaten, denen niemals billige heimische Energie im Überfluß zur Verfügung stand und die deshalb schon immer mit Energie effizienter umgehen mußten. Ihr jetziger „energetischer" Zustand ist ein Hinweis auf die technischen Möglichkeiten rationeller Energienutzung.

---

[1] 1 kW = 1 kWa/a = 8760 kWh/a = 31,5 GJ/a = 1,08 t SKE/a; 1 Mio t SKE/a = 8,14 TWh/a; 1 TW = 1 TWa/a = 8760 TWh/a.

Ungünstige Entwicklungen bezüglich des effizienten Umgangs mit Energie können auch eintreten, wenn Industriegesellschaften unzureichend am technologischen Wandel teilnehmen, wie die deutliche Abweichung sozialistischer Volkswirtschaften mit um einen Faktor 2 niedrigerem Bruttosozialprodukt bei nahezu gleichem spezifischen Energieverbrauch zeigt.

Der weltweite Mittelwert des Pro-Kopf-Energieverbrauchs liegt gegenwärtig bei rund 2 kW/Kopf (1986: 4,9 Milliarden Menschen; 10,6 Milliarden t SKE/a Primärenergieverbrauch einschließlich nichtkommerzieller Energie). Orientiert man sich an der Untergrenze von 4 kW/Kopf der westlichen Volkswirtschaften als erstrebenswertes Ziel für *alle* Länder der Welt und beachtet die erwartete Verdopplung der Menschheit auf 10 Milliarden innerhalb der nächsten fünfzig Jahre, so bedeutete dies eine *Vervierfachung* des gegenwärtigen Weltenergieverbrauchs – einen Verbrauchsanstieg, den kein Energiesystem bereitzustellen imstande sein dürfte. Berücksichtigt man noch die immer deutlicher

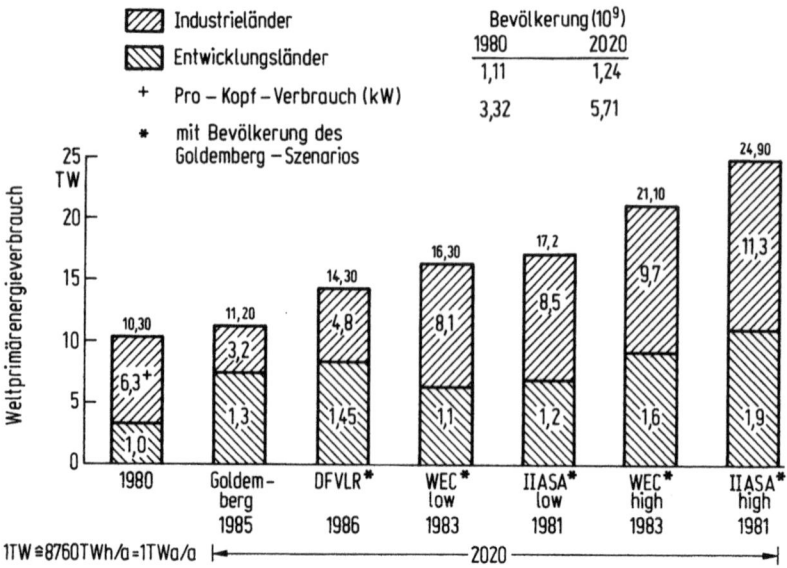

Bild 2.2. Verschiedene Szenarien des Weltenenergieverbrauchs im Jahr 2020 und seine Aufteilung auf Industrie- und Entwicklungsländer. Die Verbrauchswerte wurden auf die Weltbevölkerung des Goldemberg-Szenarios umgerechnet. Nach Goldemberg [8], DFVLR [4], WEC (Weltenergiekonferenz) [85], IIASA (Häfele, [86])

hervortretenden ökologischen Risiken der Verbrennung fossiler Energien [2, 3] und die Grenzen und Risiken einer weltweiten Kernenergienutzung in größerem Umfang [4, 5, 6, 7], so wird ersichtlich, daß eher die Orientierung an einem weltweiten Mittelwert von *unter 2 kW/Kopf* Ziel einer langfristigen, kooperativ angelegten Weltenergiepolitik sein muß. Rationelle Energieverwendung hat also einen hohen Stellenwert sowohl für Länder mit hohem Pro-Kopf-Energieverbrauch als auch für Entwicklungsländer, deren gegenwärtige vielfach uneffizienten Energieversorgungsstrukturen nicht die Basis für eine zukünftige Versorgung auf höherem Verbrauchsniveau sein können. Eine neuere Untersuchung für das World Resources Institute [8] kommt zu dem Ergebnis (Bild 2.2), daß sich der spezifische Energieverbrauch der Industrieländer bis 2020 halbieren lasse. In den Entwicklungsländern könnte gleichzeitig durch die Erhöhung des Pro-Kopf-Verbrauchs um rund 30% und dem Einsatz deutlich effizienterer Technologien und Energieversorgungsstrukturen derjenige Lebensstandard erreicht werden, der in den siebziger Jahren in Westeuropa bestand. Dies bedeutet eine drastische Abkehr von dem bisher vorgeschlagenen eher angebotsorientierten Zukunftsprojektionen der Weltenergiekonferenz [85] und des IIASA [86] mit insgesamt noch wachsendem spezifischen Energieverbrauch auch der Industrieländer, damit überproportional zum Bevölkerungswachstum ansteigenden Weltenergieverbrauch und sich weiter vergrößerndem Abstand des Pro-Kopf-Energieverbrauchs zwischen den beiden Ländergruppen.

Für die Bundesrepublik Deutschland (Nr. 36 in Bild 2.1) wäre demnach zu prüfen, ob langfristig etwa eine Halbierung ihres Pro-Kopf-Verbrauchs von gegenwärtig 5,85 kW (1987) möglich ist. Im folgenden wird gezeigt, daß sich dies bei etwa gleichbleibendem Wohlstands- und Aktivitätsniveau erreichen läßt, dazu aber längere Zeiträume der Umstrukturierung erforderlich sind.

2.2 Bisherige Erfolge rationeller Energienutzung und Struktur der Energienachfrage in der Bundesrepublik Deutschland

Rationelle Verwendung von Energie ist keine Entdeckung der Ölpreiskrisen; sie hat jedoch durch sie starke Impulse erhalten. Im Laufe von rund einhundert Jahren technologischer Entwicklung stiegen die Wirkungsgrade von Maschinen und Energiewandlern beträchtlich, teilweise um eine Größenordnung wie im Falle der Stromerzeugung aus Wärmeenergie von 3,8% im Jahr 1884 auf heute etwa 38%. Die Energieintensität der deutschen Volkswirtschaft, d. h. der Quotient aus

2 Rationelle Energieverwendung

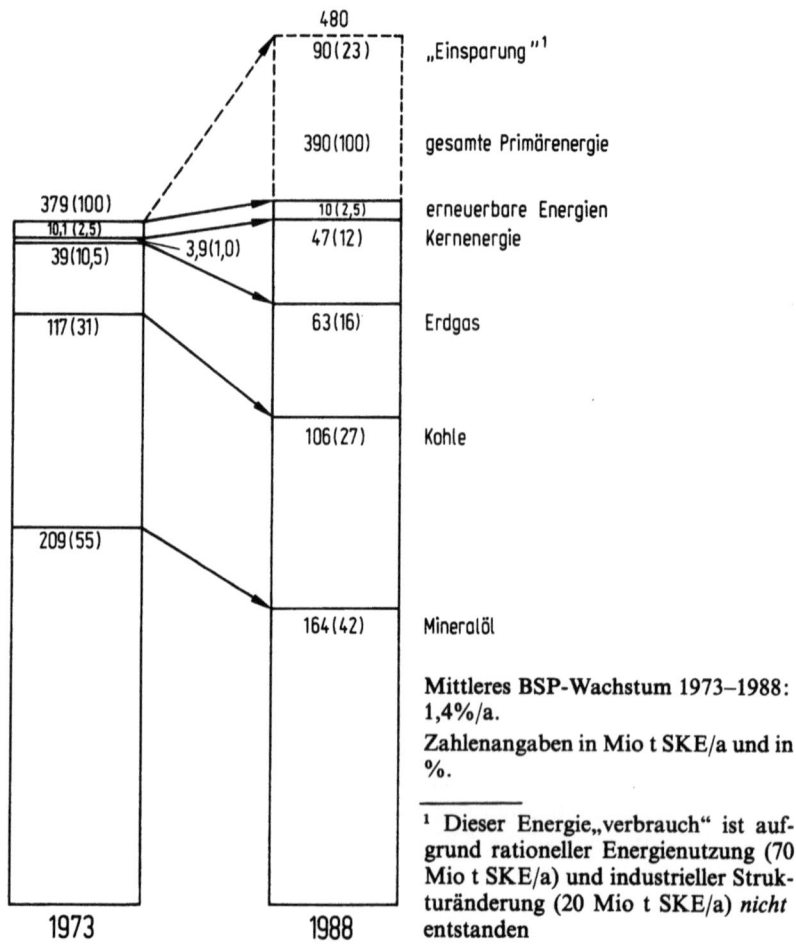

Bild 2.3. Vergleich des Primärenergieverbrauchs der Bundesrepublik Deutschland in den Jahren 1973 und 1988 und Kennzeichnung der durch rationelle Energienutzung nicht benötigten Energiemenge. Nach [9, 10]

(Primär-)Energieverbrauch und Bruttosozialprodukt, sank von 1950 bis 1986 um nahezu 100%. Sie beträgt gegenwärtig 1,61 kWh/DM (in Preisen von 1986). In den Ländern der Europäischen Gemeinschaft sank die Energieintensität in den Jahren 1973 bis 1983 um durchschnittlich 2%/a mit einer Bandbreite zwischen 0,5 bis 3,5%/a [9].

Die Erfolge rationeller Energieverwendung zwischen 1973 und 1988 zeigt für die Bundesrepublik Deutschland in einem ersten Gesamtüberblick Bild 2.3.

2.2 Bisherige Erfolge rationeller Energieverwendung

Ein gegenüber 1973 unveränderter spezifischer Energieverbrauch und eine unveränderte Produktionsstruktur hätten entsprechend dem Bruttosozialproduktwachstum zu einem Primärenergieverbrauch von ca. 480 Mio t SKE/a geführt. Tatsächlich betrug er 1988 lediglich 390 Mio t SKE/a. Eine Energieeinsparung von 70 Mio t SKE/a entstand durch effizientere Nutzung und Verfahrensänderungen gegenüber 1973. Weitere 20 Mio t SKE/a betrug die Minderung durch strukturelle Veränderungen, insbesondere einer Verschiebung zu weniger energieintensiven Produktionen in der industriellen Fertigung (vgl. auch [10]). Im gleichen Zeitraum wuchs Kernenergie um 43 Mio t SKE/a und Gas um 24 Mio t SKE/a auf Kosten von Öl. Es ist also durchaus gerechtfertigt, von der Energieeinsparung als einer wichtigen, wenn nicht der wichtigsten „Energiequelle" zu sprechen, solange grundsätzliche physikalisch und technisch sinnvolle Grenzen der effizienten Energiewandlung noch nicht erreicht sind.

Die pauschale Darstellung in Bild 2.3 gibt noch keine Auskunft über die teilweise sehr unterschiedlichen Entwicklungen in den einzelnen Verbrauchssektoren. Weiterhin verlangt die in der Vergangenheit praktisch gegenläufige Entwicklung des Verbrauchs von Brenn- und Treibstoffen einerseits und Elektrizität andererseits eine getrennte Betrachtung dieser Sekundärenergieträger (Tab. 2.1, Bild 2.4). Die erste Gruppe hatte 1987 einen um rund 80 TWh/a niedrigeren Verbrauch als 1973, dem letzten Jahr vor der ersten Energiepreiskrise. Besonders deutlich sank der Brennstoffverbrauch der Industrie mit 30% gegenüber dem Verbrauchswert von 1973. Auch der Sektor Kleinverbraucher (Öffentliche Einrichtungen, Handel und Gewerbe, Landwirtschaft)

Tabelle 2.1. Veränderungen im Endenergieverbrauch, getrennt nach Elektrizität und Brenn-, Treibstoffen und Fernwärme zwischen den Jahren 1973 und 1987 für die einzelnen Verbrauchssektoren. Dargestellt ist auch die Veränderung des anteiligen Primärenergieverbrauchs der Sektoren (Werte in TWh/a; in Klammern % vom Verbrauch 1973; Werte gerundet). Nach [87, 90].

Verbrauchs-sektoren	Brenn-, Treibstoffe Fernwärme	Elektrizität	Gesamte Endenergie	Anteilige Primärenergie
Industrie	−193 (−30)	+ 26 (+19)	−167 (−21)	−167 (−15)
Haushalte	+ 19 (+ 4)	+ 41 (+68)	+ 60 (+11)	+122 (+17)
Kleinverbraucher[a]	− 51 (−15)	+ 35 (+75)	− 16 (− 4)	+ 35 (+ 7)
Verkehr	+144 (+40)	+ 2 (+25)	+146 (+39)	+150 (+35)
Gesamt	− 81 (− 5)	+104 (+42)	+ 23 (+1,1)	+141 (+ 5)

[a] einschl. militär. Dienststellen

12   2 Rationelle Energieverwendung

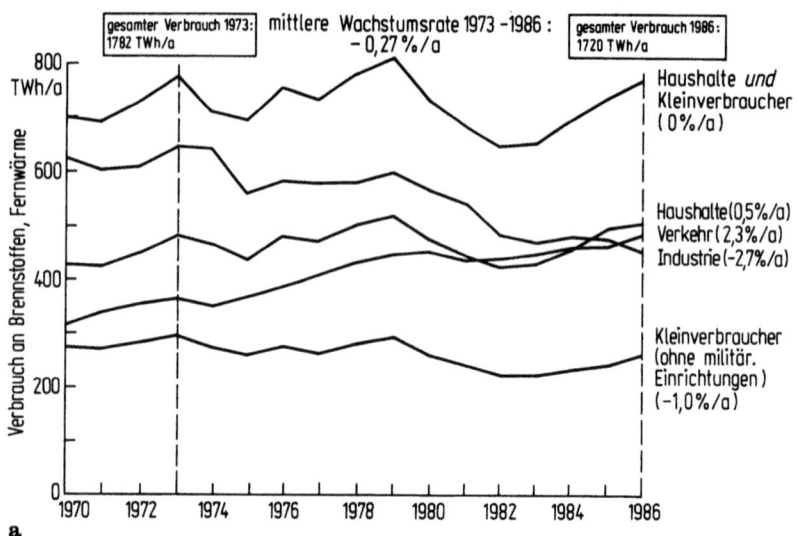

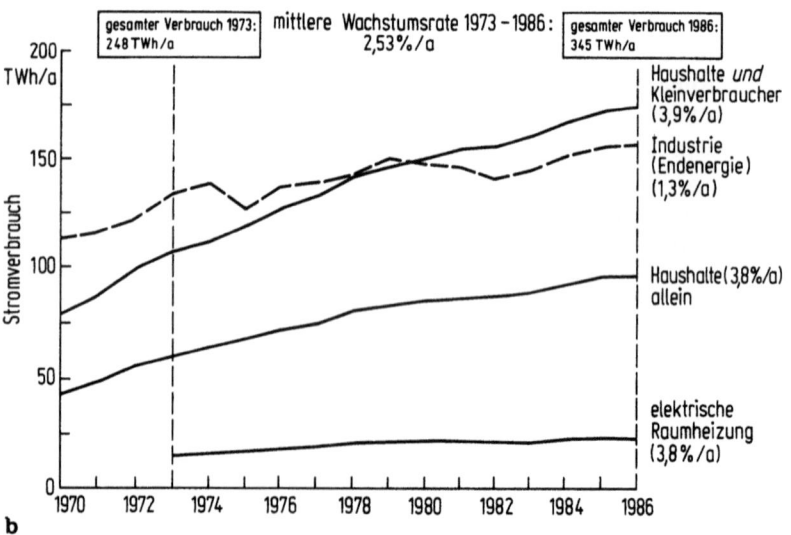

Bild 2.4. **a)** Entwicklung des Verbrauchs an Brennstoffen, Treibstoffen und Fernwärme für einzelne Verbrauchssektoren zwischen 1973 und 1986. Nach: [28, 87] **b)** Entwicklung des Stromverbrauchs für einzelne Verbrauchssektoren und Anwendungsbereiche zwischen 1973 und 1986. Nach [14, 87, 88, 89]

2.2 Bisherige Erfolge rationeller Energieverwendung

reduzierte seinen Brennstoffverbrauch um 15%. Die privaten Haushalte erhöhten ihren Brennstoffverbrauch gegenüber 1973 leicht um 4%. Eine starke Zunahme erfolgte im Verkehr mit 40% gegenüber 1973 (Bild 2.4a). Die beachtlichen Einsparungen des Industriesektors wurden also überwiegend durch das Anwachsen des Verkehrssektors zunichte gemacht. Die drei Sektoren Industrie, Haushalte und Verkehr, die 1973 deutlich unterschiedliche Brennstoffverbräuche aufwiesen, benötigen heute nahezu die gleichen Energiemengen.

Bild 2.4b zeigt die Entwicklung des Stromverbrauchs in demselben Zeitraum. Der gesamte Energieverbrauch an Elektrizität nahm von 1973 bis 1987 um 104 TWh/a (= 42% von 1973) zu. Der Industrieverbrauch stieg um 19%, derjenige der Kleinverbraucher um 75%. Die Haushalte erhöhten ihren Verbrauch um 68%, im Verkehr wird – bei kleinen Absolutmengen um 10 TWh/a – 25% mehr Strom verbraucht als 1973 (Tab. 2.1). Während der Stromverbrauch in der Industrie seit 1973 nahezu proportional zur wachsenden Bruttowertschöpfung wuchs, d. h. die Stromintensität der Produktion konstant blieb, während die Brennstoffintensität deutlich sank, vgl. auch [11, 12], nahm der Stromverbrauch der privaten Haushalte und der Kleinverbraucher stark zu. Er bewirkte 73% des gesamten Stromanstiegs in diesem Zeitraum. Neben einer deutlichen Zunahme der Anzahl der Haushalte selbst ist dies auf eine stark erhöhte Geräteausstattung und die Zunahme der elektrischen Raumheizung zurückzuführen. Der spezifische Verbrauch von Geräten hat sich dagegen verringert. Im Kleinverbrauch hatten die öffentlichen Einrichtungen die höchsten Wachstumsraten (durchschnittlich 5,1%/a).

Die Gesamtbilanz ergibt, daß eine deutliche Energiezunahme vorwiegend im privaten Konsumbereich (Haushalte, PKW-Verkehr) stattgefunden hat, während die produktiven Bereiche, vor allem die Industrie, mit Energie sehr rationell umgegangen sind und dadurch die seit 1973 feststellbare „Entkoppelung" des Wirtschaftswachstums vom Energieverbrauch bewirkt haben (Tab. 2.1).

Aufschlußreich für weitere Ansatzpunkte zum rationelleren Umgang mit Energie ist die Aufteilung von End- und Primärenergieverbrauch auf die wichtigsten Nutzungsarten (Bild 2.5). Die mengenmäßig wesentlichsten Verwendungen im Energiebereich sind Raumheizung (dort vor allem die privaten Haushalte) und Verkehr (über 90% aller Treibstoffe) mit zusammen rund 56% des Gesamtverbrauchs für energetische und nichtenergetische Zwecke. Bezieht man allerdings auf die anteilige, für die einzelnen Verwendungsarten benötigte Primärenergie, so gesellen sich der Raumheizung (28%) und der Treibstoffbereitstellung (18%) der (elektrische) Kraft-Licht-Bereich mit 20% Anteil hinzu. Differenziert

14   2 Rationelle Energieverwendung

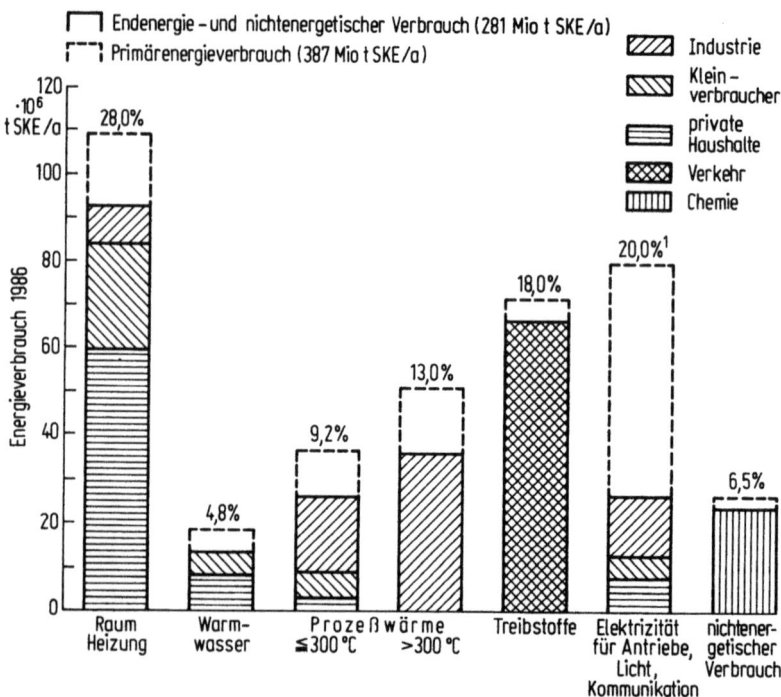

[1] Elektrizität insgesamt (d. h. inklusive Einsatz für Wärmezwecke) 15% (Anteil am Endenergieverbrauch) bzw. 33,5% (Anteil am Primärenergieverbrauch)

Bild 2.5. Aufteilung von Endenergie und Primärenergie auf Nutzungsarten für die Bundesrepublik Deutschland im Jahr 1986. Die Prozentangaben beziehen sich auf den Primärenergieverbrauch, die Differenz zwischen Primär- und Endenergieverbrauch kennzeichnet die anteiligen Umwandlungsverluste. Nach [90] und eigenen Berechnungen

man nach Brennstoffen (nur Wärmeerzeugung), Treibstoffen, Elektrizität (60% für Kraft/Licht; 40% für Wärme, siehe auch Tab. 2.7) und nichtenergetischen Einsatz, so lauten die entsprechenden Anteile bezogen auf die Summe von Endenergie und nichtenergetischem Verbrauch 53,1%, 23,3%, 15,1% und 8,5%; bezogen auf den Primärenergieverbrauch jedoch 42%, 18%, 33,5% und 6,5%.

Die Verschiebung der Anteile infolge der hohen Umwandlungsverluste bei der Elektrizitätserzeugung zeigt, daß es sich lohnt, über eine rationellere Stromverwendung – und auch über effizientere Methoden der Stromerzeugung – ebenso intensiv nachzudenken, wie dies in der Vergangenheit bereits im Brennstoffbereich (Industrie) geschehen ist und noch geschieht.

2.3 Zukünftige Möglichkeiten rationeller Energienutzung

Will man zukünftig mögliche Beiträge erneuerbarer Energiequellen an der Energieversorgung eines Landes ermitteln, so reicht die statische Betrachtung der heutigen Energieversorgungsstruktur nicht aus. Das natürlich vorgegebene, meist flukturierende Energieangebot und die Ortsgebundenheit erneuerbarer Energiequellen verlangen technisch anspruchsvolle Nutzungssysteme. Hohe Deckungsbeiträge bei noch vertretbarem Aufwand für Speicherung der Energie – und damit ökonomisch günstigen Lösungen – werden erreicht, wenn *vorher* der Verbraucher „energetisch optimiert" wurde, also sein Energiebedarf nach Höhe und zeitlichem Verlauf kritisch überprüft und – im allgemeinen deutlich – verringert wird. Die finanziellen Aufwendungen zur Reduzierung des Energiebedarfs sind zudem meist geringer als für die Bereitstellung einer gleichen Menge zusätzlicher Energie [13, 14, 17] insbesondere aus – im Vergleich zu heutigen Energiepreisen – teuereren erneuerbaren Energiequellen. Somit ergibt sich eine sinnvolle Rangfolge technischer Maßnahmen; rationellere Energienutzung und ein möglichst weitgehender Einsatz erneuerbarer Energiequellen sind engstens verknüpft.

Die Ansatzpunkte für weitere rationellere Energienutzung wurden im letzten Abschnitt vorgezeichnet: Der erste Bereich stellt die *Verringerung von Nutzenergiebedarf* mit technischen Mitteln dar, ohne die Energiedienstleistung einzuschränken. Hierzu gehört vor allem die Wärmedämmung von Gebäuden einschließlich der passiven Nutzung von Sonnenenergie. Ein anderes Beispiel ist die Mehrfachverwendung von Materialien (Verpackung) oder ihre verstärkte Rückführung.

Raumwärmebedarf ist keine physikalisch vorgegebene Größe. Die Energiedienstleistung „warmer Raum" kann unter bestimmten Randbedingungen sogar ohne jeden heizungsspezifischen Energieverbrauch erfüllt werden, wenn andere stets vorhandene Wärmequellen zur Herstellung eines angenehmen Raumklimas hinzugezogen werden. Im Bestand der Wohngebäude werden gegenwärtig etwa 220 bis 280 kWh/m²a Endenergie verbraucht [15, 16]. 1977/78 lag der Wert noch um rund 15% höher. Neubauten, die nach der Wärmeschutzverordnung von 1982 gedämmt sind, liegen je nach Bauart, Standort und Orientierung zwischen 150 und 180 kWh/m²a (freistehendes Einfamilienhaus). Dies ist angesichts bautechnischer Möglichkeiten bei Neubauten noch ein relativ hoher Wert. Die seit 1975 in Schweden erstellten Neubauten haben Verbräuche unter 120 kWh/m²a ($\hat{=}$ 12 l Heizöl/m²a), also weniger als 50% des mittleren Verbrauchs des gegenwärtigen

Bestandes in der Bundesrepublik. Vereinzelt werden derartige Neubauten insbesondere als Fertighäuser auch in der Bundesrepublik erstellt. Erreicht wird dieser Verbrauchswert durch 15 cm Wärmeschutz im Dach, 10 cm Dämmung der Außenwand, 8 cm Dämmung der Kellergrundplatte und einer angepaßten modernen Heizungsanlage bei einer Luftwechselzahl von 0,5/h [15]. Für große Teile des Altbaubestandes können diese Werte durch nachträgliche Maßnahmen bei einer notwendigen Renovierung ebenfalls erreicht werden.

Neuerdings werden Niedrigenergiehäuser mit einem Jahresverbrauch von 3 bis 7 l Heizöl/m²a (30 bis 70 kWh/m²a) in Pilotprojekten gebaut und bewohnt. Dies erreicht man mit bis 34 cm starken Dämmschichten im Dach und 22 cm an den Außenwänden und mit Wärmeschutzverglasung. Eine ausreichende Luftwechselzahl kann bei Bedarf durch zusätzliche Abluftventilation in Feuchträumen und Zuluftöffnungen über dem Fenster gewährleistet werden [15].

Die Grenze der technischen Einsparmöglichkeiten von Energie für Heizzwecke wäre damit noch nicht erreicht. Der Extremfall des „Nullenergie-Hauses" (bezüglich des Heizenergiebedarfs) kann durch besonders hohen Wärmeschutz, aktive Wärmerückgewinnung, optimierter passiver Solarenergienutzung und Nutzung der Wärmeerzeugung von Elektrogeräten und Bewohnern erreicht werden. Neuerdings wird auch mit lichtdurchlässigen Dämmelementen experimentiert, die ebenfalls erhebliche Energieeinsparpotentiale zu besitzen scheinen [13, 97, 101].

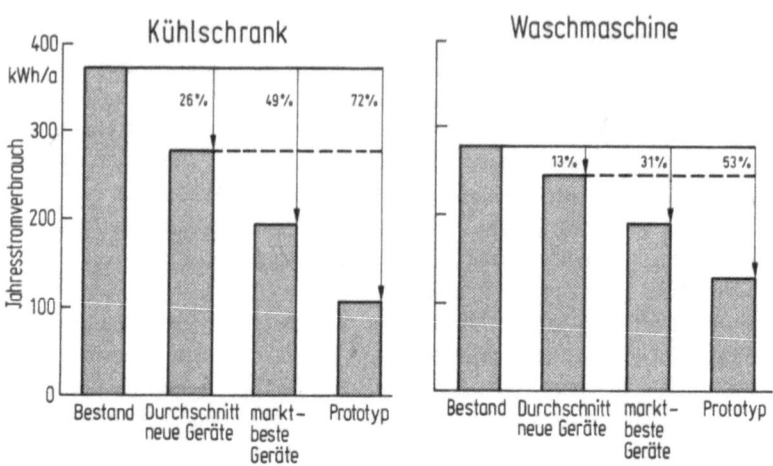

Bild 2.6. Jahresstromverbräuche von Kühlschränken und Waschmaschinen als Beispiele für Stromeinsparpotentiale im Haushalt. Nach [14]

2.3 Zukünftige Möglichkeiten rationeller Energienutzung

Der zweite Bereich ist die weitere *Verbesserung der Nutzungsgrade* von Energiewandlern aller Art durch konstruktive Maßnahmen, durch neue Werkstoffe (z. B. um höhere Temperaturen oder geringeres Gewicht zu erzielen), durch den Einsatz moderner Steuer- und Regelungstechnik und durch möglichst gleichmäßige Auslastung von Anlagen und verbesserte Prozeßführung unter optimalen Bedingungen. Auf diese Weise kann beispielsweise der spezifische Kraftstoffverbrauch von Kraftfahrzeugen etwa halbiert werden [12]. Ein wichtiges Feld in dieser Hinsicht sind auch die Wirkungsgradverbesserung bei Heizungsanlagen und der Ersatz alter Heizungen durch moderne Anlagen wie Niedertemperatur- und Brennwertkessel.

Als weiteres Beispiel seien die technischen Verbesserungsmöglichkeiten bei zwei wichtigen Haushaltsgeräten aufgeführt (Bild 2.6, [14, 18]). Der durchschnittliche Verbrauch eines typischen Kühlschrankes liegt derzeit bei 370 kWh/a. Der Durchschnittsverbrauch neuer Geräte liegt bereits um rund 26% unter dem des Bestandes. Marktbeste Geräte benötigen nur noch die halbe Energiemenge. Eindeutige Preisunterschiede zwischen sparsamen und weniger sparsamen Geräten lassen sich nicht feststellen. In Dänemark entwickelte Prototypen von 200 l Nutzinhalt mit 7 cm Polyurethanschaumdämmung und weiterentwickelten Kompressoren verbrauchen nur noch rund 100 kWh/a [14]. Ähnliche Tendenzen mit allerdings geringeren Einsparraten zeigen sich bei Waschmaschinen. Einsparungen um die Hälfte des durchschnittlichen Vebrauchs des Bestandes sind mit Geräten erreichbar, die neuerdings auf dem Markt sind. Für eine Reihe anderer Haushaltsgeräte können ähnliche Möglichkeiten aufgeführt werden. Insbesondere bei der Beleuchtung lassen sich mit Kompaktfluoreszenzlampen Einsparungen bis zu 80% erreichen.

Erinnert man sich daran, daß 40% des Stromzuwachses seit 1973 von den privaten Haushalten verursacht wurden (Tab. 2.1), so wird die Bedeutung solcher technischer Verbesserungsmöglichkeiten deutlich. Dieser Bereich sei deshalb etwas detaillierter dargestellt.

Verschiedene Szenarien des zukünftigen Stromverbrauchs in privaten Haushalten unter Berücksichtigung der genannten Möglichkeiten zeigt Bild 2.7 [14, 18]. Zum gegenwärtigen Stromverbrauch von 97 TWh/a tragen Heizungen zu 25% bei. Der zweitgrößte Posten mit 19% sind Kühl- und Gefriergeräte, an dritter Stelle folgt die Warmwasserbereitung mit 13%, danach Waschen und Spülen mit 12% und Kochen mit 9%.

Würden alle Haushalte marktdurchschnittliche Geräte des Jahres 1985 besitzen, wäre der Verbrauch um 8% geringer. Dieser Wert ist der Ausgangspunkt für die weiteren Darstellungen. Angenommene Wachs-

18 2 Rationelle Energieverwendung

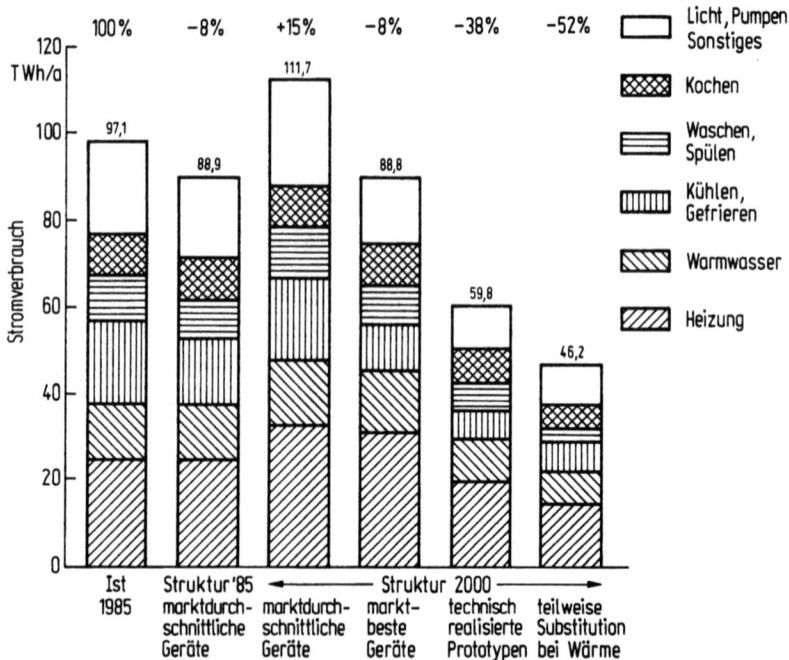

Bild 2.7. Haushaltsstromverbrauch 1985 und verschiedene Einsparmöglichkeiten bis zum Jahr 2000 durch Ersatz vorhandener Geräte und Anlagen. Nach [14]

tumstendenzen in der Zahl der Haushalte und in der Geräteausstattung würden bei gleichbleibendem spezifischen Verbrauch den Strombedarf bis zum Jahr 2000 um 26% ansteigen lassen (gegenüber dem tatsächlichen Wert 1985 um 15%). Eine gleichzeitige Veränderung des spezifischen Verbrauchs in Richtung marktbester Geräte (des Jahres 1985) würde die Wachstumskomponente gerade kompensieren und den Stromverbrauch gegenüber heute um 8% senken.

Das nächste Szenario kann als technisches Potential aus heutiger Sicht bezeichnet werden, da die zugrundeliegenden Geräte heute bereits technisch verwirklicht sind. Das Reduktionspotential im spezifischen Verbrauch beträgt gegenüber dem reinen Wachstumsszenario 46% (gegenüber dem heutigen Verbrauchswert 38%). Nutzt man darüber hinaus teilweise Substitutionsmöglichkeiten der Wärmeerzeugung, so reduziert sich der Strombedarf weiter um 52% gegenüber dem heutigen Wert; man benötigt jedoch zusätzlich fossile Brennstoffe. Enthalten sind in diesem Szenario auch der verstärkte Einsatz elektrischer Wärmepum-

2.3 Zukünftige Möglichkeiten rationeller Energienutzung

pen und Einsparungen durch Verbesserung des Wärmeschutzes elektrisch beheizter Wohnungen. Der Unterschied zum vorherigen Szenario im Primärenergieverbrauch fällt geringer aus, insbesondere weil dort die spezifischen Geräteverbräuche schon sehr niedrig sind.

Anhand solcher Modellrechnungen läßt sich feststellen, worauf unterschiedliche Einschätzungen bezüglich des zukünftigen Stromverbrauchs beruhen. Im Haushaltsbereich sind dies im wesentlichen die unterschiedlichen Auffassungen über den Ausschöpfungsgrad technischer Einsparpotentiale. So wird in [19] bei einer Wachstumskomponente von 12% von einer Senkung des mittleren spezifischen Verbrauchs von 15% bis zum Jahr 2000 ausgegangen, so daß sich ein um ca. 3% niedrigerer Haushaltsverbrauch einstellen würde gegenüber 1985. Für Baden-Württemberg [13] wird einer Senkung des mittleren spezifischen Verbrauchs bei Elektrogeräten (ohne Heizung und Warmwasserbedarf) um 18% bis zum Jahr 2000 (bezogen auf den Verbrauch 1985) ausgegangen. Die Wachstumskomponente beträgt hier jedoch, ebenfalls bezogen auf den heutigen Wert, 24%, so daß sich ein Mehrverbrauch im Jahre 2000 in diesem Bereich von 6% ergibt.

Trotz erheblicher Einschätzungsunterschiede in der Ausschöpfung technischer Einsparpotentiale ist allen genannten Untersuchungen gemeinsam, daß in Zukunft kaum noch Zuwachsraten – eher eine Abnahme – des Haushaltsstromverbrauchs erwartet werden. Auch beim industriellen Stromverbrauch werden bis 2000 kaum Veränderungen eintreten (Stromverbrauch 1986: 158,5 TWh/a; in 2000: 165 TWh/a [20]).

Ein weiterer, dritter Bereich rationeller Energieverwendung liegt in der *Ausweitung der gekoppelten Erzeugung von Elektrizität und Wärme* und der *verstärkten Nutzung von Abwärmen bzw. der Wärmerückgewinnung* bei Industrie- und Gewerbebetrieben. Dies ist weniger eine technische als eine wirtschaftliche und strukturelle Aufgabe.

Obwohl die Kraft-Wärme-Kopplung in der Bundesrepublik eine lange Tradition hat und insbesondere in der Industrie stark verbreitet war (1970: 25% Anteil der Eigenstromerzeugung am industriellen Stromverbrauch), ist der Anteil gekoppelt erzeugter Elektrizität und Wärme am Gesamtstromverbrauch gering. Starke Einsparungen beim Prozeßwärmebedarf, wirtschaftliche Vorteile bei großen Erzeugungsanlagen der öffentlichen Stromversorgung, aber auch günstige Stromsondertarife für industrielle Großabnehmer haben zu einem deutlichen Rückgang der Kraft-Wärme-Kopplung im industriellen Bereich geführt.

Die öffentliche Fernwärmeversorgung deckt gegenwärtig rund 7% des Raumwärmebedarfs der Haushalte und Kleinverbraucher (Tab. 2.2), 70% der Wärme kommt aus Heizkraftwerken. Der Brennstoffbedarf für

Tabelle 2.2. Ländervergleich zur Fernwärme- und Stromerzeugung aus Heizkraftwerken für das Jahr 1983. Nach [21, 98].

	Dänemark	Finnland	Bundesrepublik Deutschland	USA
Fernwärmeanteil in % des Raumwärmebedarfs für Haushalte und Kleinverbraucher	31,0	22,8	6,5	4,2
dto. Gasanteil in %	1	1	28	64
Anteil Fernwärme aus Heizkraftwerken	0,46	0,53	0,70	k. A.
Netzlänge (km)	9500	4100	7620	4200
Spez. Wärmedichte (MW/km)	1,3	1,8	3,8	9,5
Bevölkerungsdichte (Pers./km^2)	119	15	247	25
Anteil des in HKW erzeugten Stroms am Stromverbrauch d. Haushalte und Kleinverbraucher	0,433	0,284	0,107	0,007

eine Einheit Nutzenergie aus der Wärme-Kraft-Kopplung beträgt je nach Art der Wärmeauskopplung nur 0,4 bis 0,7 zusätzliche Brennstoffeinheiten, da vereinbarungsgemäß dem Heizkraftprozeß derjenige Brennstoffbedarf gutgeschrieben wird, der andernorts bei der Stromerzeugung in Kondensationskraftwerken erforderlich wäre. Diese Bedarf beträgt rund die Hälfte konventioneller Zentralheizungsanlagen. Gegenwärtig werden daher rund 2 Mio t SKE/a Primärenergie (etwa 0,5%) durch die Kraft-Wärme-Kopplung eingespart. Eine Erhöhung des Fernwärmeanteils aus Koppelprozessen könnte also die Energieeffizienz der Volkswirtschaft erhöhen. Diesen Weg haben andere Länder, vor allem Dänemark und Finnland, konsequent beschritten (Tab. 2.2). Sie decken trotz ungünstiger struktureller Bedingungen (geringere mittlere Bevölkerungsdichte, höhere Wärmedämmstandards für Gebäude) hohe Anteile ihres Wärmebedarfs aus Fernwärme, auch wenn lediglich Fernwärme aus Heizkraftwerken berücksichtigt wird. Große Netze (die Netzlänge pro Kopf ist in Dänemark fünfzehn Mal höher als in der Bundesrepublik) versorgen Gebiete mit deutlich geringerem Wärmebedarf als in der Bundesrepublik üblich. Der hohe Anteil des konkurrierenden Energieträgers Gas erklärt allein nicht den vergleichsweise geringen Beitrag der Fernwärmeversorgung in unserem Land.

2.3 Zukünftige Möglichkeiten rationeller Energienutzung

Zu den hohen Anteilen der Fernwärme in den skandinavischen Ländern tragen auch bei [21, 23, 98]:
— geringe Investitionskosten durch billigere Rohre, einfachere Verlegung und geringere Vorlauftemperaturen,
— flexiblere Finanzierung der Investitionen und bessere Überbrückung der Anlaufphase,
— teilweise Wärmepläne zur Vermeidung unnötigen Wettbewerbs im leitungsgebundenen Wärmesektor,
— aber auch der vor allem in Dänemark übliche Einsatz preisgünstiger Importkohle.

Es gibt daher auch in der Bundesrepublik Deutschland noch eine Reihe von Möglichkeiten, den Fernwärmeausbau zu intensivieren, insbesondere wenn man an den Ersatz alter Kraftwerke durch moderne Heizkraftwerke und die Verbesserung der Bedingungen für die industrielle Kraft-Wärme-Kopplung denkt [22].

Zur konventionellen Fernwärmeversorgung mittels größerer Heizkraftwerke sind in den letzten Jahren verstärkt Blockheizkraftwerke (BHKW) mit meist gasbetriebenen Motoren hinzugetreten, die auf lokaler Ebene, meist gebunden an ausgewählte Versorgungsobjekte (Schwimmbäder, Krankenhäuser, Schulen u. ä.), Nahwärmenetze versorgen und gleichzeitig Strom in das lokale Netz einspeisen. Sie erweitern den Einsatzbereich der gekoppelten Energieerzeugung in Richtung kleinstädtischer und ländlicher Regionen, da zunächst in Form von Inselnetzen nur kleine Vorleistungen erbracht werden müssen und im Falle von Neubaugebieten relativ geringe Verlegungskosten auftreten [24]. Später können derartige „Wärmeinseln" zu größeren Netzen zusammengeschlossen werden und so der Fernwärme zu einer weiteren Ausbreitung in Gebiete verhelfen, die heute noch vom Heizöl dominiert sind. Von Bedeutung für eine Weiterentwicklung der Energieversorgung sind auch die Einsatzmöglichkeiten der erneuerbaren Energiequellen in BHKW wie Biogas, Deponiegas und Holzgas sowie die solare Unterstützung von Nah- und Fernwärmenetzen [25, 26]. Aufgrund der jeweils sehr unterschiedlichen lokalen Bedingungen bedarf es in jedem Fall einer genauen Auslegung von Nahwärmekonzepten, um relative Wirtschaftlichkeit gegenüber der Einzelversorgung zu erreichen.

Eine weitere Möglichkeit rationeller Nutzung von Wärme besteht in der Energierückgewinnung. Jeder einigermaßen anspruchsvolle thermodynamische Prozeß macht davon Gebrauch. Innerhalb industrieller Produktionsprozesse ist Wärmerückgewinnung meist weitgehend verwirklicht, Wärmerückgewinnung in Gebäuden aus der Abluft dagegen nur bei klimatisierten Großgebäuden. Im Zusammenhang mit der passiven Sonnenenergienutzung bieten sich noch zahlreiche nicht genutzte Möglichkeiten der Wärmerückgewinnung in Gebäuden an. Mitunter können Abwärmeströme wegen zu niedriger Temperatur oder wegen Zeitunterschieden zwischen Anfall und Bedarf nicht genutzt werden. Im ersten Fall bietet sich der Einsatz von Wärmepumpen an, im zweiten Fall können Speicher einen zeitlichen Ausgleich schaffen. In jedem Fall bedarf es jedoch einer sorgfältigen Optimierung und Anpassung an die speziellen Gegebenheiten. Zum Bereich der Wärmerückgewinnung gehört auch die Einspeisung industrieller Abwärme in Fernwärmenetze (Beispiele: Fernwärmeschiene Saar, Stadt Oberhausen [27]) oder die Nutzung von Kraftwerksabwärme für Niedertemperaturzwecke (z. B. Gärtnereien). Als Energierückgewinnung im weitesten Sinne kann auch die thermische Verwertung von Müll in Heiz- und Heizkraftwerken gesehen werden.

Die Einsatzmöglichkeiten der Wärmerückgewinnung sind selbstverständlich stark von den Energiepreisen abhängig. Sie steigen auch, wenn Kommunen, Betrieb und Stadtwerke sich besonders um die Optimierung ihrer Energieversorgung kümmern und in vernetzten kommunalen Energieversorgungskonzepten denken.

Weitere *strukturelle, organisatorische* und *verhaltensbedingte* Einwirkungsmöglichkeiten auf den Energieverbrauch sind z. B. das *Vermeiden "unnötigen" Verbrauchs* vor allem durch bessere Aufklärung im privaten Bereich über Bedeutung und „Wert" einzelner Energiearten. Oft findet man überheizte Räume, unnötigen Wasserverbrauch, Wärmeverluste beim Kochen, dagegen wird beim Licht gespart. Übersehen wird dabei, daß private Haushalte 75% ihrer Energie für Raumwärme, 12% für die Warmwasserbereitung, aber nur etwa 1% für Beleuchtung benötigen. Auch der Energieverbrauch für den Individualverkehr wird im allgemeinen unterschätzt.

Eine weitere Möglichkeit struktureller Einwirkungsmöglichkeiten besteht darin, mit einer anderen Technik oder Kombination von Techniken dieselbe Energiedienstleistung mit weniger Energieeinsatz zu erzielen, etwa durch *Substitution energieträger-spezifischer Techniken* untereinander. Markantes Beispiel war der Ersatz kohlegefeuerter Lokomotiven durch Elektro- und Dieselloks. Dies führte bei leicht gestiegener Fahrleistung seit 1955 zu einer Reduktion des entsprechenden Primärenergieverbrauchs auf unter 40% [12]. Im Wärmebereich kann die Substitution von Elektrizität zu Einsparungen im Primärenergieverbrauch führen. Beispiele sind der Ersatz von Elektroherden durch Gasherde, Warmwasseranschlüsse bei Waschmaschinen und Geschirrspülern oder der Ersatz von Elektrospeicherheizungen. Mit sinkendem spezifischen Verbrauch der meisten Haushaltsgeräte verringern sich

2.4 Szenarien des zukünftigen Energieverbrauchs in der BRD

jedoch die Einspareffekte durch Substitution [14]. Außerdem muß sichergestellt sein, daß die entsprechenden wärmeerzeugenden Systeme einen hohen Nutzungsgrad besitzen.

Weitgehende Umstrukturierungsmöglichkeiten aus energetischer Sicht bietet der Verkehrssektor, im dem gegenwärtig 25% der Endenergie mit steigender Tendenz verbraucht werden, wovon 98% Mineralölprodukte sind. Luftverkehr ist bezogen auf die Transportleistung (Personen- bzw. Tonnen-km) die energieaufwendigste Fortbewegungsart, hat jedoch keine großen Transportanteile. Je nach Auslastung der Verkehrmittel sind, bezogen auf den Primärenergieverbrauch, Straßenfahrzeuge im Fernverkehr bis zum Faktor 2 bis 3 energieintensiver als Schienenfahrzeuge, im Personennahverkehr um den Faktor 1,2 bis 1,5 [13, 28, 29]. Ausnahmen sind Busse, die bei guter Auslastung sehr sparsame Transportmittel sind. Die Förderung des Schienenverkehrs zu Lasten des Straßenverkehrs führt also zu geringerem Energieeinsatz bei gleicher Verkehrsleistung. Auch hier reduziert jedoch das relativ größere technische Einsparpotential bei Straßenfahrzeugen gegenüber Schienenfahrzeugen den zukünftigen Einspareffekt.

Geschwindigkeitsbegrenzungen sind auch aus energetischer Sicht geeignete Mittel der Ressourcenschonung, da sie neben einer unmittelbaren Reduktion des spezifischen Verbrauchs längerfristig zu einem veränderten Fahrverhalten, einer anderen Größenverteilung von Fahrzeugen und zu veränderten Optimierungskriterien beim Fahrzeugbau führen dürften, die sich alle in Richtung eines geringeren spezifischen Verbrauchs auswirken [29].

Potentiale noch ungenutzter rationeller Energienutzung wurden in allen Teilbereichen der Energiewirtschaft systematisch untersucht. Für Szenarien des zukünftigen Energiedarfs, als Voraussetzung für eine systematische Abschätzung der Potentiale erneuerbarer Energiequellen, kann auf eine Reihe neuerer Untersuchungen zurückgegriffen werden [8–11, 13, 14, 18, 20, 21, 29–34]. In diesen sind die technischen und strukturellen Reduktionsmöglichkeiten, sowie ökonomische Effekte und mögliche Umsetzungsgeschwindigkeiten teilweise sehr detailliert angegeben.

2.4 Szenarien des zukünftigen Endenergieverbrauchs in der Bundesrepublik Deutschland

Zur Charakterisierung unterschiedlicher Entwicklungen des zukünftigen Energiebedarfs bis etwa zum Jahr 2020 wurden im Rahmen der vorliegenden Untersuchung drei Szenarien erstellt. Die wichtigsten Annahmen zur rationellen Energienutzung, zu Strukturveränderungen

Tabelle 2.3. Szenarioannahmen zur rationellen Energieverwendung, aufgeteilt nach Verbrauchssektoren.

Private Haushalte
— Mittlerer Nutzwärmebedarf für Raumheizung in 2020:
 Szenario I: 90 kWh/m^{2}a; Szenario II: 50 kWh/m^{2}a
 (gegenwärtig rund 160 kWh/m^{2}a)
— Mittlerer Jahresnutzungsgrad konventioneller Heizungen in 2020:
 Szenario I: 0,85; Szenario II: 0,90 (heute rund 0,75)
— Spezifische Verbräuche von Haushaltsgeräten: nach [18] (Mittelwert: −55%)
— Spezifische Verbräuche von WW-Bereitung, thermisch: −40% [a]

Kleinverbraucher
— Mittlerer Nutzwärmebedarf für Raumheizung in 2020: 70 kWh/m^{2}a
 (gegenwärtig rund 140 kWh/m^{2}a)
— Spezifische Verbräuche für Stromanwendungen und für Prozeßwärmebereitstellung: −20% (Szenario III für Strom: −25%)
— Spezifische Verbräuche bei Einsatz von Treibstoffen: −10%

Industrie
— Spezifischer Bedarf für Raumheizung: −30%
— Spezifischer Stromverbrauch: −15% (Mittelwert, bis 2000 nach [20]);
 Szenario III: −20%
— Spezifischer Brennstoffverbrauch: −48% (Mittelwert, einschließlich Struktureffekt)

Verkehr

— Spezifische Verbräuche von:	Szenario I	Szenario II (III)	
Pkw	−20%	−50%	
Lkw/Busse	−10%	−30%	
Flugverkehr	−15%	−15%	
Schienenverkehr	− 5%	−10%	(−15%)
Schiffsverkehr	± 0%	± 0%	

[a] Prozentangaben = Änderung 1987 bis 2020 bezogen auf Ausgangswert 1986

und zum Wachstum von Produktion und Dienstleistungen sind in den Tab. 2.3 und 2.4 zusammengefaßt. Die Szenarien lassen sich wie folgt charakterisieren:

Szenario I: Trendmäßige Fortschreibung spezifischer Verbräuche beim Einsatz fossiler Brenn- und Treibstoffe. Reduktion des Nutzwärmebedarfs aller Gebäude auf etwa heutigen schwedischen Standard bis 2020; Reduktion spezifischer Verbräuche aller elektrischer Haushaltsgeräte auf Werte heutiger Prototypen; Verdoppelung der Fernwärmeversorgung (Tab. 2.5); Trendfortschreibung sonstiger struktureller Veränderungen.

2.4 Szenarien des zukünftigen Energieverbrauchs in der BRD

Tabelle 2.4. Szenarioannahmen zu Strukturveränderungen und zum Wachstum einzelner Wirtschaftsbereiche

Private Haushalte
— Wohnfläche +15%[a]
— Geräteausstattung, elektrisch +25% (Durchschnitt; nach [18])
— Geräteausstattung, thermisch +20%

Kleinverbraucher
— Nutzfläche +20%
— Nettoproduktionswert von Dienstleistungen, Gütern +40%[b]
— Treibstoffe für Landwirtschaft −20%

Industrie
— Beheizte Nutzfläche +20%
— Nettoproduktionswert +40%[b]
— Fortschreibung von Strukturverschiebungen in Anlehnung an [20]

Verkehr
a) Trendfortschreibung (Szenario I)
— Anzahl Pkw +20%; spez. Fahrleistung −25%
— Anzahl Lkw +10%; spez. Fahrleistung ± 0%
— Flugverkehr +25%
— Schienenverkehr/Busverkehr +10%
b) Umstrukturierung (Szenario II, III)
— Anzahl Pkw −15%; spez. Fahrleistung −25%
— Anzahl Lkw −10%; spez. Fahrleistung −30%
— Flugverkehr +20%
— Schienenverkehr/Busverkehr +280%

Substitution von Elektrizität im Wärmemarkt (nur Szenario III)
Private Haushalte: 75% der Heizungen, 50% bei Warmwasser
Kleinverbraucher: 60% der Heizungen, 25% bei Warmwasser
Industrie: 25% bei Prozeßwärme

[a] Prozentangaben = Änderung 1987 bis 2020 bezogen auf Ausgangswert 1986
[b] entspricht Wachstum von 1,5%/a bis 2000 und 0,75%/a bis 2020

Szenario II: Über Szenario I hinaus weitere Verringerung des Nutzwärmebedarfs von Wohngebäuden und des spezifischen Verbrauchs von Heizungen; deutliche Verringerung spezifischer Verbräuche im Verkehr in Kombination mit Umstrukturierungen zugunsten des öffentlichen Nah- und Fernverkehrs; Verdreifachung der Fernwärmeversorgung gegenüber 1986 (Tab. 2.5).

Szenario III: Zusätzlich zu Szenario II Teilsubstitution von Elektrizität im Wärmebereich und verstärkte Verringerung spezifischer Verbräuche im Kraft-Licht-Bereich.

Tabelle 2.5. Annahmen zum Ausbau der Fernwärmeversorgung in den Szenarien I und II für die Bundesrepublik Deutschland. 1 nach [21].

	1986	2020 I	2020 II	Dänemark 1983
Fernwärmeerzeugung[a] (TWh/a)	52,2	100[b]	150[b]	
Anteil (%)				
— an Wärme < 100° C	5,7	18	34	
— an Wärme für HuK	6,1	19	38	31,0
Anteil Fernwärme aus HKW	0,75	0,70	0,70	0,46
Strom aus HKW[a] (TWh/a)	11,3	21	32	
Anteil (%)				
— an gesamtem Stromverbrauch	3,3	6,0	8,9	
— an Stromverbrauch HuK[c]	6,5	15	23	43,3
Einsparung Primärenergie gegenüber ungekoppelter Erzeugung von Elektrizität und Wärme				
— Mio t SKE/a	2,1	3,9	6,0	
— % von jeweiliger Primärenergie	0,5	1,3	2,3	

[a] Endenergie
[b] davon 10 TWh/a aus müllgefeuerten HKW
[c] HuK = Haushalte und Kleinverbraucher

Bei allen Szenarien wurden von identischen Wachstumsannahmen für Nutzflächen, Fahrzeuge und Produktionswerte der Güterproduktion und der Dienstleistungen ausgegangen. Diese sowie die jeweils unterstellten Umstrukturierungsmaßnahmen können Tabelle 2.4 entnommen werden.

Die Tab. 2,6 2.7 und 2.8 sowie die Bilder 2.8, 2.9 und 2.10 geben einen Überblick über die Ergebnisse dieser Szenarien. Die Verringerung des gesamten Endenergiebedarfs bis zum Jahr 2020 beträgt brutto (d. h. einschließlich Wachstum und Strukturveränderungen) zwischen 25% (I) und 40% (III). Bei unveränderter Nachfrage nach Energiedienstleistungen und unveränderter Verbrauchsstruktur (als I/0, II/0 und III/0 bzeichnet) würde eine Reduktion zwischen 40% (I/0) und knapp 50% (II/0, III/0) erreicht. Diese, durch technische Entwicklungen bedingten Verringerungen spezifischer Verbräuche werden von den meisten Fachleuten in ihrer Höhe für verwirklichbar gehalten. In einer Reihe von Untersuchungen wird auf noch weitergehende technologische Möglichkeiten hingewiesen [8, 14, 15, 17, 29, 32]. Schwieriger abschätzbar und umstrittener ist der Zeitbedarf für ihre Ausschöpfung, der von zahlreichen Einflußgrößen wie Energiepreisniveau, Reinvesti-

2.4 Szenarien des zukünftigen Energieverbrauchs in der BRD

Tabelle 2.6 Szenarioergebnisse: Elektrizitätsverbrauch nach Verwendungsarten und Verbrauchssektoren und Vergleich mit dem Verbrauch des Jahres 1986 (Zahlen in TWh/a, Werte für 1986 nach [90]).

		1986	2000 I	2000 II	2020 I	2020 II	2020 III
Wärme	PH	58,6[a]	46,4	46,4	35,0	30,9	11,4
	KV	30,1	32,6	32,6	29,3	29,3	14,7
	I	45,6[b]	48,8	48,8	51,3	51,3	37,4
	Gesamt	135,1[c]	127,8	127,8	115,6	111,5	63,5
Kraft/Licht	PH	39,1	30,9	30,9	22,0	22,0	22,0
	KV	48,0	52,9	52,9	55,4	55,4	50,0
	I	112,3	126,3	126,3	138,4	138,4	125,3
	V	10,6	16,2	20,4	18,7	32,6	28,5
	Gesamt	210,0	226,3	230,5	234,5	248,4	225,8
Summe	PH	97,7	77,3	77,3	57,0	52,9	33,4
	KV	78,1	85,5	85,5	84,7	84,7	64,7
	I	157,9	175,1	175,1	189,7	189,7	162,7
	V	11,4	16,2	20,4	18,7	32,6	28,5
	Gesamt	345,1	354,1	358,3	350,1	359,9	289,3

[a] einschl. Waschmaschine, Geschirrspüler
[b] einschl. 22,8 TWh/a für Elektrolysen
[c] enthält 0,8 TWh/a für Verkehr

PH = Private Haushalte
KV = Kleinverbraucher
I = Industrie
V = Verkehr

tionszyklen, Neubau- und Modernisierungsraten von Gebäuden u. ä. abhängt. Hier wird von einer Ausschöpfung bis zum Jahr 2020 ausgegangen, was eine rasche und konsequente Umsetzung der Annahmen voraussetzt. Strukturelle Veränderungen, wie sie in den Szenarien II (Verkehr) und III (Elektrizität für Wärme) angenommen wurden, bedürfen politischer Weichenstellungen, die sich nur aus einem breiten Konsens und langfristig angelegten Perspektiven in der Energiepolitik ergeben können. In vorliegender Untersuchung dienen diese Strukturveränderungen dazu, den Einfluß einer deutlich unterschiedlichen Nachfrage nach Brenn- und Treibstoffen einerseits und Elektrizität andererseits auf die Deckungsanteile erneuerbarer Energiequellen festzustellen.

In den Szenarien II (und III) kompensieren die angenommenen Strukturveränderungen im Verkehr einen Teil des infolge Wachstums bewirkten Energieverbrauchs. Der Bedarf an Treibstoffen (durch

Tabelle 2.7. Szenarioergebnisse: Endenergieverbrauch nach Verwendungsarten, Aufteilung des Verbrauchs für Wärmebereitstellung auf verschiedene Kategorien (oberer Teil); Endenergieverbrauch nach Verbrauchssektoren (unterer Teil), Zahlen in TWh/a.

A Verwendungsarten	1986	2000 I	2000 II	2020 I	2020 II	2020 III
Raumheizung	751	639	598	431	301	305
Übrige Wärme < 100° C	163	151	151	135	135	140
Übrige Wärme > 100° C	438	376	376	340	340	345
Wärme gesamt	1352	1166	1125	906	776	790
Treibstoffe	531	494	422	428	244	249
Elektrizität für Kraft/Licht/Kommunik.	210	226	230	234	248	225
Endenergie gesamt	2093	1886	1778	1568	1268	1265
(in % von 1986)	(100)	(90)	(85)	(75)	(61)	(60)
Elektrizität gesamt	345	354	358	350	360	289
(in % von 1986)	(100)	(103)	(104)	(101)	(104)	(84)
davon für Wärme	135	128	128	116	112	64
— Raumheizung	37	33	33	24	20	7
— übrige Wärme in H. u. K.	53	46	46	40	40	19
— übrige Wärme in Industrie	45	49	49	52	52	38
B Verbrauchssektoren						
Private Haushalte	607	509	468	346	216	220
Kleinverbraucher	373	352	352	283	283	283
Industrie	611	555	555	521	521	513
Verkehr	502	470	403	418	248	249

I: „mittlere" Einsparung; trendorientierte Strukturveränderungen
II: „verstärkt" Einsparung; deutliche Umstrukturierung im Verkehr
III: wie II; zusätzlich Teilsubstitution von Elektrizität im Wärmebereich

erneuerbare Energiequellen nur sehr aufwendig zu decken) wird gegenüber Szenario I um rund 40% reduziert; der Elektrizitätsbedarf für Bahnen aus Effizienzgründen jedoch weit weniger erhöht.

In den Szenarien I und II bewirkt rationellerer Einsatz von Elektrizität näherungsweise die Kompensation der Wachstumseinflüsse (Tab. 2.6). Zuwächse erfolgen im Industrie- und Verkehrssektor, Abnahmen bei privaten Haushalten. Die angenommene Teilsubstitution im Wärmebereich und partiell noch effizientere Nutzungstechniken reduzieren den Stromverbrauch des Jahres 2020 in Szenario III auf 84%

2.4 Szenarien des zukünftigen Energieverbrauchs in der BRD

Tabelle 2.8. Szenarioergebnisse: Primärenergieverbrauch und Pro-Kopf-Verbrauch in drei Varianten (/0: Energieverbrauch ohne Wirtschaftswachstum und Strukturveränderung, d. h. Einfluß nur der technischen Verbesserungen).

Szenario	Mio t SKE/a	TWh/a	1986 = 100	kW/Kopf
1986	387	3150	100	5,9
2000				
I	360	2930	93	5,5
II	345	2808	89	5,3
2020				
I	313	2545	81	4,9
II	267	2174	69	4,2
III	252	2048	65	3,9
2020				
I/0	249	2027	64	3,9
II/0	220	1792	57	3,5
III/0	215	1746	55	3,4

Annahmen:

- Brenn- und Treibstoffe (Endenergie) aus fossiler Primärenergie: $\eta = 0,925$ (lt. Energiebilanz 1986), für alle Szenarien konstant.
- Elektrizität aus Kondensationskraftwerken einschl. Leitungsverlusten und Eigenverbrauch (Verhältnis Endenergie zu Primärenergieeinsatz):
  $\eta = 0,328$ (lt. Energiebilanz 1986)
  $\eta = 0,340$ (2020 I)
  $\eta = 0,360$ (2020 II, III)
- Fernwärme mit fossilen Energien:
  $\eta = 0,76/0,72$ (HW/HKW lt. Energiebilanz 1986)
  $\eta = 0,80$ (2020 I, II, III)
  Ausbauzustand siehe Tabelle 2.5
- Nichtenergetischer Verbrauch: 23,5 Mio t SKE/a (1986, konstant)

des Wertes von 1986. Der Anteil der Nutzelektrizität (Einsatz für Kraft, Licht, Kommunikation u. ä.) erreicht in diesem Szenario 78% am Gesamtverbrauch von Elektrizität gegenüber 60% in 1986. Mit 23% Anteil am gesamten Endenergieverbrauch liegt Elektrizität trotzdem noch deutlich höher als gegenwärtig (16%). Entsprechend der wachsenden Anteile der Elektrizität fallen die Einsparungen primärenergieseitig geringer aus (Tab. 2.8). Sie liegen maximal bei 35% (Szenario 2020 III) gegenüber 1986. Dabei wurde auch von einer Erhöhung des mittleren Wirkungsgrades der Stromerzeugung (Strom-Endenergie/Primärener-

30 2 Rationelle Energieverwendung

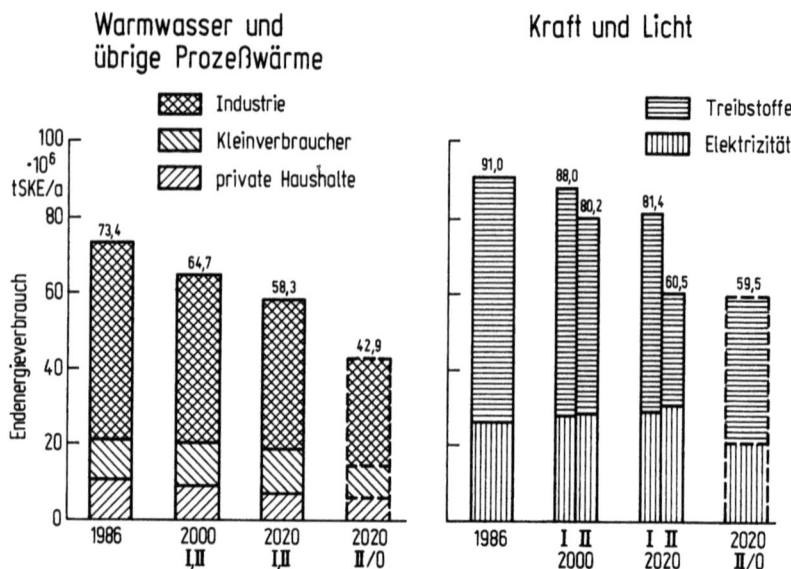

Bild 2.8. Energieeinsparmöglichkeiten in verschiedenen Szenarien bis zum Jahr 2000 und 2020 für Warmwasser und Prozeßwärme sowie für Kraft und Licht

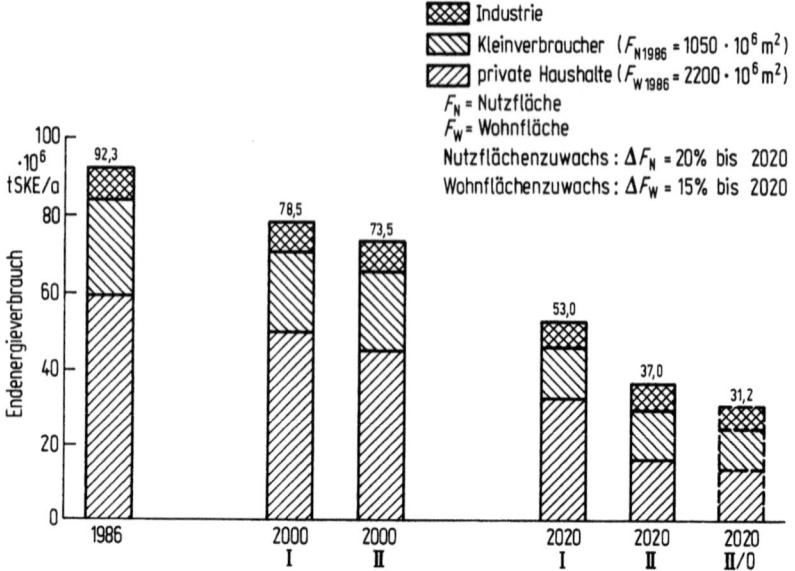

Bild 2.9. Energieeinsparmöglichkeiten in verschiedenen Szenarien bis zum Jahr 2000 und 2020 für Raumheizung (II/0 = Fläche wie 1986)

2.4 Szenarien des zukünftigen Energieverbrauchs in der BRD

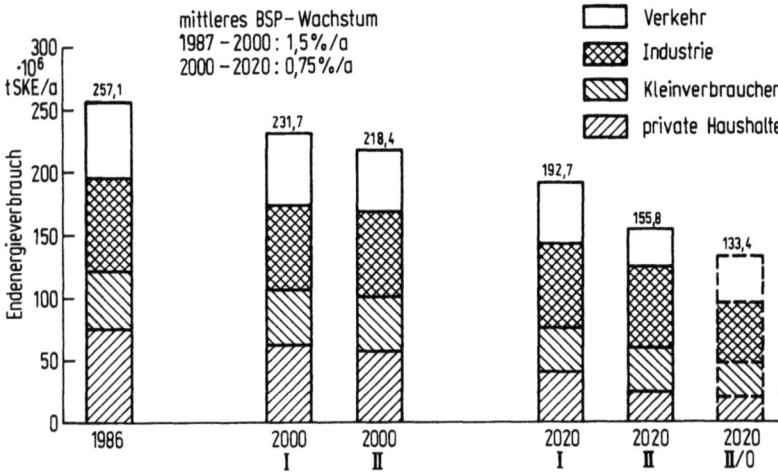

Bild 2.10. Zwei Szenarien des Endenergieverbrauchs für die Bundesrepublik Deutschland für die Jahre 2000 und 2020 bei verstärkter rationeller Energieverwendung (I) und bei sehr starker rationeller Energienutzung (II)

gieeinsatz, d. h. einschließlich Leistungsverlusten und Kraftwerkseigenverbrauch) von gegenwärtig 0,328 auf 0,34 (I) bzw. 0,36 (II, III) ausgegangen.

Sehr stark verringert sich die Nachfrage nach Niedertemperaturwärme (< 100° C). Von 112 Mio t SEK/a in 1986 fällt sie auf 70 (63%) in Szenario 2020 I bzw. 53 Mio t SEK/a (47%) in den Szenarien 2020 II/III. Dies hat Konsequenzen für die Fernwärmeversorgung, deren relativer Anteil sich bei einer abolutenen Verdreifachung von 6% in 1986 auf 34% in den Szenarien 2020 II/III steigert und damit „skandinavische Verhältnisse" erreicht. Es ist offensichtlich, daß bei einer Umsetzung dieser Szenarienannahmen einer Lösung von Konkurrenzproblemen in gasversorgten Gebieten besondere Bedeutung zukommt [21, 24, 28]. Restriktive Einflüsse sind auch auf die Wärmebereitstellung mittels erneuerbarer Energiequellen zu erwarten, die aus wirtschaftlichen Gründen in vielen Fällen Verbund- bzw. Gemeinschaftsanlagen (Biomassennutzung, große Kollektorfelder) und Kraft-Wärme-Kopplung (insbesondere bei der Nutzung von Wasserstoff) erfordern.

Wird rationellerer Energienutzung angesichts wachsender Umweltprobleme trotz mittelfristig niedriger Energiepreise ein höherer Stellenwert eingeräumt – was sich durch entsprechende steuerliche Maßnahmen und tarifliche Veränderungen bemerkbar machen müßte –, so dürfte sich Szenario I auf der Brenn- und Treibstoffseite ohne größere

32   2 Rationelle Energieverwendung

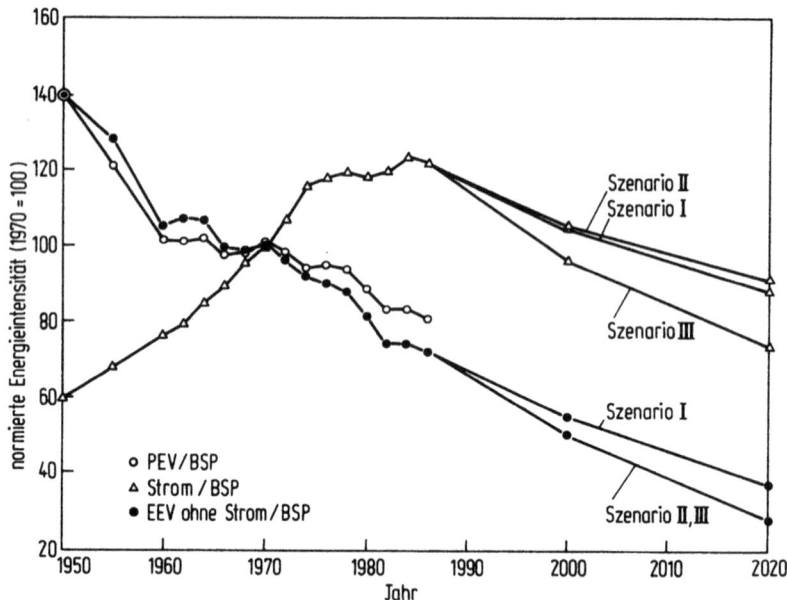

Bild 2.11. Vergangene und zukünftig mögliche Entwicklung der Energieintensitäten (Energieverbrauch/Bruttosozialprodukt) von Strom und von Endenergie ohne Strom für drei Szenarien des Energieverbrauchs (normierte Darstellung, 1970 = 100). BSP = Bruttosozialprodukt, PEV = Primärenergieverbrauch, EEV = Endenergieverbrauch

Schwierigkeiten bis 2020 durchsetzen lassen. Darauf deutet die Entwicklung der Energieintensitäten hin, die in Bild 2.11 in ihrer zeitlichen Entwicklung ab 1950 dargestellt sind und mit den Werten der Szenarien verglichen werden. Die Verbrauchsentwicklung bei Strom müßte sich dagegen deutlich ändern. Bisher ist Elektrizität, seit 1973 allerdings mit abnehmender Tendenz, stärker als das Bruttosozialprodukt gewachsen. Hauptträger dieses Zuwachses waren die privaten Haushalte und die Kleinverbraucher (Tab. 2.1), während die Stromintensität der Industrie seit 1973 nahezu konstant blieb [11, 12].[1] In den Szenarien werden insbesondere die Einsparungspotentiale dieser Sektoren erschlossen, was zu allmählich wieder abnehmenden Stromintensitäten der gesamten Volkswirtschaft führt.

---

[1] Die sich bereits andeutende Verringerung der Stromintensität hat sich auch im Jahr 1988 fortgesetzt. Der Quotient aus den Wachstumsraten von Stromverbrauch und BSP lag zwischen 1983 und 1988 bei 0,9 [100]

2.4 Szenarien des zukünftigen Energieverbrauchs in der BRD

Die Szenarien II und III erforderten für eine Umsetzung in denselben Zeitraum sowohl auf der Brenn- und Treibstoffseite als auch erst recht bei Strom (Szenario III) deutlich veränderte energiepolitische Rahmenbedingungen, da zwei Verbrauchssektoren – der Verkehrsbereich und der Wärmebereich – sehr starken Strukturveränderungen unterworfen werden müßten.

Die bis 2020 erzielbaren Reduktionen des Energieverbrauchs stellen die Basis für die folgende Dastellung des Potentials erneuerbarer Energiequellen dar. Über diesen Zeitraum hinaus werden die Szenarien zur rationellen Energienutzung nicht mehr fortgeschrieben. Für die längerfristigen Entwicklungsmöglichkeiten der Solarenergienutzung (bis 2050, s. Abschn. 7) wird von dem – gleichbleibenden – Energieverbrauchsniveau des Jahres 2020 ausgegangen. Ohne dies quantitativ festzulegen, wird also angenommen, daß sich danach weitere – technisch durchaus mögliche – Verringerungen des Energieverbrauchs und etwaige weitere Wachstumstendenzen in etwa ausgleichen.

3 Zukünftiger Beitrag erneuerbarer Energiequellen zur Energieversorgung der Bundesrepublik Deutschland

3.1 Ausgangsitutation

Erneuerbare Energiequellen treten in sehr vielfältiger Form mit teilweise ausgeprägten regionalen Unterschieden auf. Neben der Strahlungsenergie, der bedeutendsten solaren Energiequelle, können Wasserkraft, Windenergie, die Energie von Wellen und Temperaturschichtungen in Weltmeeren, pflanzliche Rohstoffe und organische Abfälle Beiträge in unterschiedlichster Höhe liefern. Im allgemeinen wird auch die Müllverwertung, gelegentlich auch die Nutzung der Erdwärme, unter erneuerbaren Energiequellen aufgeführt.

Das Angebot dieser Energieformen im tages- und jahreszeitlichen Rhythmus, ihre Energiedichte und ihre Ortsgebundenheit sind vorgegeben. Sie lassen sich durch menschliche Eingriffe nicht oder nur wenig beeinflussen. Diesen „Beschränkungen", die sorgfältige technische Lösungen mit entsprechendem finanziellen Aufwand verlangen, stehen beträchtliche Vorteile gegenüber: Die Menschen geifen bei der behutsamen Nutzung dieser Energieformen kaum in Naturkreisläufe ein. Nur geringe Anteile der sowieso vorhandenen Energieströme werden genutzt, örtlich und zeitlich durch Umwandlung, Speicherung und Transport verändert und nach der Nutzung als Abwärme wieder an die Umgebung zurückgegeben. Die Energiequellen sind nach menschlichen Maßstäben unerschöpflich und können ohne sich kumulierende Umwelteffekte beliebig lange genutzt werden.

Freilich kennt man auch hier bereits Beispiele für negative Auswirkungen durch unvernünftige Nutzung, etwa die in vielen Regionen totale Abholzung von Wäldern zum Zweck der Brennholzgewinnung. Ein weiteres Beispiel sind die ökologischen Schäden durch übertriebene Ausnutzung der Wasserkraft in Form großflächiger Stauseen und eines extremen Flußstaus. Auch fügen wir bei der Verbrennung von Biomasse (Holz- und Strohverbrennung) der Atmosphäre Schadstoffe – vor allem Stickoxide – zu.

Gemessen an den Schadensauswirkungen, die durch die Verbrennung fossiler Energien entstehen bis hin zur Störung des Erdklimas durch die Kohlendioxidanreicherung in der Atmosphäre oder den potentiell großen Schäden und unkalkulierbaren Langzeitauswirkungen der Kernenergie, sind diese bei der Nutzung erneuerbarer Energiequellen auftretenden Beeinträchtigungen gering. Sie können bei vernünftigem, den lokalen Gegebenheiten angepaßtem Einsatz entwickelter Technologien weitgehend vermieden werden.

Die natürlichen Energieströme enthalten nach menschlichen Begriffen riesige Energiemengen. Die jährliche auf die Kontinente auftreffende Strahlungsenergie beträgt mit 25 000 TWa das 2500fache des gegenwärtigen Weltenergieverbrauchs. An Biomasse wächst jährlich etwa das 10fache des Weltenergieverbrauchs nach. Jedoch nur ein Tausendstel dieses Energieflusses – rund 25 TWa – dürfte sich aus technischen, ökologischen und wirtschaftlichen Gründen in die Sekundärenergieformen Wärme, Elektrizität oder chemische Energieträger wie Wasserstoff überführen lassen [4] – etwa das 3,5fache dessen, was weltweit derzeit an diesen Energiearten verbraucht wird. Dies ist eine Menge, die bei rationellem Gebrauch auch für eine noch weiter wachsende Menschheit auf lange Sicht ausreichend sein wird. Eine Strategie, die sich langfristig eine weltweite Energieversorgung mittels erneuerbarer Energiequellen *ohne* fossile Energien und *ohne* Kernenergie zum Ziel setzt, ist also durchaus vernünftig und realistisch.

3.2 Prinzip der Potentialermittlung für mitteleuropäische Länder – Fallbeispiel Bundesrepublik Deutschland

Beiträge erneuerbarer Energiequellen zur Energieversorgung können je nach technischer Gestaltung und Qualität der Nutzungssysteme sowie je nach technischer oder wirtschaftlicher Systemoptimierung sehr unterschiedlich ausfallen. Die Vielfalt der Energiearten und das regional sehr unterschiedliche Energieangebot komplizieren eine präzise und aussagekräftige Abschätzung „technischer Potentiale". Ungewisse Kostenentwicklungen sowohl auf der konventionellen wie auf der solaren Seite lassen nur konditionierte Aussagen über „wirtschaftliche Potentiale" zu. Umweltschäden und andere „externe" Kosten herkömmlicher Energiesysteme relativieren diese wirtschaftlichen Potentiale zudem stark [35]. Die Ausschöpfung solcher Potentiale nach Zeit und Höhe schließlich ist von einer Reihe energiepolitischer und energiewirtschaftlicher Aktivitäten zur Beseitigung von Hemmnissen und zur Förderung der weiteren Entwicklung erneuerbarer Energietechnologien abhängig [25, 45].

Im folgenden werden überwiegend „realistische" technische Potentiale angegeben, die jeweils durch wesentliche ökologische, strukturelle und weitere Restriktionen bereits eingeschränkt sind und nicht undifferenziert das „technisch Machbare" darstellen. Datenbasis sind hauptsächlich das Teilgutachten „Erneuerbare Energiequellen für Baden-Württemberg" [25] sowie weitere eigene und einige ausgewählte einschlägige fremde Untersuchungen [36, 37, 38, 39, 40, 41].

Aus Gründen besserer Übersichtlichkeit ist eine Differenzierung der Nutzungspotentiale erneuerbarer Energiequellen in zwei Kategorien vorgenommen worden:

a) *Lokale, kleinräumige* Nutzung erneuerbarer Energiequellen in Verbindung mit der herkömmlichen Energieversorgung, ohne Langzeitspeicher (saisonal) und ohne – nennenswerten – Bedarf an zusätzlichen Landflächen. Potentiale dieser Art sind aus ressourcenbedingten, technischen, strukturellen und ökologischen Gründen relativ eindeutig eingrenzbar. Ihre Obergrenze stellt etwa denjenigen Beitrag dar, den erneuerbare Energiequellen bei Einbettung in die heutige Siedlungsstruktur und bei enger Anlehnung an die gegebene Energieversorgungsstruktur in unseren Breiten leisten können.

Betrachtet werden (jeweils mit Angabe der wichtigsten begrenzenden technischen und strukturellen Parameter):
— Solarwärmenutzung auf Gebäuden zur Bereitstellung von Warmwasser, Prozeßwärme ($\leq 120\,°C$) und Raumwärme (Anzahl solargeeigneter Gebäude, deren Energiebedarf, optimaler solarer Deckungsgrad),
— Umgebungswärmenutzung für Gebäude zur Bereitstellung von Raumwärme und Warmwasser (Anzahl geeigneter Gebäude, deren Energiebedarf, Heizungsmarkt, bei elektrischen Wärmepumpen erzeugungsseitige Begrenzungen),
— Nutzung von Abfallbiomassen in Form der Biogaserzeugung und der Restholz- und Reststrohverwertung (Energieangebot, Struktur der Landwirtschaft, Verwertbarkeit),
— Energetische Müllverwertung (Müllverwertungs- oder -vermeidungsstrategien, Ausbeuten, Fern-Nahwärmenetze),
— Wasserkraftnutzung (völlige Potentialausnutzung, Standorte, ökologische Kriterien, Reaktivierungsmöglichkeit alter Anlagen),
— lokale Windkraftnutzung (Windangebot, Ausbaubegrenzungen aus struktureller, ökologischer und akzeptanzbedingter Sicht),
— lokale Aufstellung von Photovoltaikanlagen kleiner Leistung unter 100 kW auf Dächern und an Fassaden im netzgekoppelten Betrieb (Dachflächen, Netzeinspeisung).

3.2 Potentialermittlung für mitteleuropäische Länder

b) *Großflächige* bzw. *großräumige* Nutzung erneuerbarer Energiequellen im In- und Ausland, die technisch prinzipiell große bis sehr große Beiträge liefern kann, teilweise durch saisonale Speicher vom Energieangebot entkoppelt ist und deren wesentliche Begrenzung durch den – zu vereinbarenden – „zulässigen" bzw. „akzeptablen" Flächenbedarf gegeben ist. Die Nutzung dieser Potentiale setzt sinnvollerweise zunächst die Erschließung der lokalen Potentiale voraus und ist mit beträchtlichen Veränderungen der gegenwärtigen Energieversorgung und entsprechenden Umsetzungs- und Aufbauzeiten verbunden. Technisch-strukturelle „Obergrenzen" können nicht eindeutig angegeben werden.

Betrachtet werden (die wichtigsten begrenzenden Parameter in Klammern)
— solarthermische Warmwassergroßsysteme mit Saisonspeicherung (verbleibender Bedarf an Wärme < 100 °C, Landflächen in Verbrauchernähe, Zahl der Nahwärmenetze),
— Pflanzenanbau zur Energienutzung (Landbedarf, ökologische Auswirkungen),
— Windnutzung mit Großanlagen in kompakter Aufstellung in „Windfarmen", in Mitteleuropa „Off-shore"-Aufstellung (Ökologie im küstennahen Meer, Netzeinspeisung fluktuierender Energie),
— großflächige Photovoltaikanlagen im MW-Bereich (Landbedarf, Netzeinspeisung fluktuierender Energie),
— inländische Photovoltaik- oder Off-shore-Windanlagen mit Wasserstofferzeugung (Landbedarf, für Wind: Ökologie in küstennahem Meer),
— Import von Solarstrom aus einstrahlungsreichen Gebieten (Landbedarf, Übertragung fluktuierender Elektrizität großer Leistung, jedoch mit geringeren Fluktuationen als bei Produktion in mitteleuropäischen Breiten),
— Import von Solarwasserstoff aus einstrahlungsreichen Gebieten (Landbedarf).

Potentiale der Kategorie a werden in den folgenden Szenarien nur wenig variiert; mit Potentialen der Kategorie b werden unterschiedliche Beiträge erneuerbarer Energiequellen bei Reduzierung fossiler und nuklearer Energie und die entsprechend erforderlichen Aufwendungen dargestellt. Die Potentiale der Kategorie a werden schneller und kostengünstiger erschließbar sein als die der Kategorie b. Wann insbesondere die Wasserstoffoptionen benötigt werden, hängt u. a. auch vom Anteil fluktuierender Elektrizität am Gesamtstromverbrauch ab.

Gezielt werden die Bedingungen für die Einspeisung fluktuierender Elektrizität in das deutsche Verbundnetz bei unterschiedlichen Deckungsbeiträgen ermittelt (Abschn. 4).

3.3 Solarthermische Kollektoranlagen auf Gebäudedächern

In der BRD stehen etwa 14,4 Mill. Gebäude mit einer Dachfläche von ingesamt rund 2850 km². Diese verteilen sich näherungsweise entsprechend der Aufstellung in Tab. 3.1 auf sehr unterschiedliche Gebäudetypen und -größen. Rund 75% der Dächer sind geneigt. Da sie sich überwiegend auf Wohngebäuden befinden, ist die mittlere Dachfläche je Gebäude entsprechend gering (etwa 150 m²/Geb.). Zum Teil sehr große Flächen (ca. 1650 m²/Geb.) bieten Flachdächer auf rund $400 \cdot 10^3$ Nichtwohngebäuden und Industriebauten [25, 28]. Die Dachflächen beanspruchen rund 10% der sogenannten Siedlungsfläche (Gebäude-,

Tabelle 3.1. Wesentliche Strukturdaten der Bundesrepublik Deutschland (1985); die im Jahr 2020 maximal installierbare Sammlerfläche wurde zu 755 km² angenommen. Nach [25, 28, 91] und eigenen Abschätzungen.

Bevölkerung	(10^3)	61 024	
Gebietsfläche	(km²)	248 694	
Siedlungsfläche	(km²)	26 990	
Wohngebäude	(10^3)	11 970	(9970[a]/2000[b])
Wohnungen	(10^3)	27 080	(13 500/13 580)
Wohnfläche	(km²)	2200	(1280/920)
Nichtwohngebäude	(10^3)	2350	
Industriebauten	(10^3)	70	
Nutzfläche	(km²)	1050	
Dachflächen	(km²)	2850	
— EFH/ZFH[a]		1260	(126)[c]
— MFH[b]		440	(220)
— NWG		750	(320)
— Ind. Geb.		400	(6000)
Geneigte Dächer	(km²)	2150	
Flachdächer	(km²)	700	
Maximal installierbare Sammlerfläche auf Dächern (PV oder thermische Kollektoren)	(km²)	ca. 650	(23%)

[a] Ein- und Zweifamilienhäuser (einschl. Reihenhäuser)
[b] Mehrfamilienhäuser
[c] mittlere Fläche/Gebäude in m²

3.3 Solarthermische Kollektoranlagen

Tabelle 3.2. Flächennutzung in der Bundesrepublik Deutschland und erwartete Brache wegen Rückgangs der Nahrungsmittelproduktion. Nach [25, 91].

Gesamtfläche:	248 694	(100)
Landwirtschaftsfläche:	137 186	(55)
Waldfläche:	73 600	(30)
Siedlungsfläche:	26 990	(11)
— Gebäude-, Hof- und Gartenflächen	14 885	(6)
— Verkehrsfläche:	12 105	(5)
übrige Fläche (Wasser, Lager, Halden, Sport, Militär u. ä.):	10 918	(4)
Rückgang Landwirtschaft seit 1960:	10 250	(4)
Erwartete Brache bis zum Jahr 2000 wegen Rückgangs der Nahrungsmittelproduktion (versch. Quellen in [25]):	20–33 000	(8–13)

Stand 1985; in km^2 bzw. %

Hof- und Grundstücksfläche, Verkehrsfläche) oder 1% der Gesamtfläche der BRD (Tab. 3.2).

Gebäudeausrichtung und -anordnung sowie die Dachneigung bestimmen in erster Linie die „Solareignung" von Gebäudedächern. Abschätzungen darüber lassen etwa 23% der Dachfläche zur Belegung mit Kollektoren zu. Maximal könnten diese 650 km^2 auf konventionelle Art (d. h. Einbau in geeignete Dächer, Aufständerung auf Flachdächern unter Berücksichtigung der Abschattung) mit thermischen Kollektoren oder Solarzellen belegt werden. Nicht berücksichtigt ist in der folgenden Potentialabschätzung die architektonische Möglichkeit der Integration von Solarzellen in Gebäudefassaden, Balkone, Schutzmauern und dergleichen (z. B. [42]), wie sie sich bei einer konsequenten Anwendung solararchitektonischer Prinzipien in großer Zahl ergäben. Deshalb kann die obige Maximalangabe eher als konservativ bezeichnet werden. Unter Berücksichtigung der angenommenen Wachstumstendenzen von Wohn- und Nutzflächen (Tab. 2.4) ergibt sich eine maximal installierbare Sammlerfläche im Jahr 2020 von 755 km^2 auf rund 8,4 Mill. Gebäuden (von insgesamt 16,6 Mill.).

Die solarthermisch bereitstellbare Energiemenge wird in der Regel nicht durch die Dachfläche begrenzt, sondern durch den Wärmebedarf der Gebäude und den zweckmäßigen solaren Deckungsgrad, der wiederum von der wirtschaftlich vertretbaren Speichergröße, der Relation von Kollektorkosten zu allgemeinem Energiepreisniveau und im Fall eines solaren Beitrags zur Heizung von der Wärmedämmqualität der Gebäude abhängt. Für unterschiedliche Szenarien der Gebäudedämmung sind daher im letzteren Fall unterschiedliche Solarheizsysteme zu berücksichtigen. Die gegenläufige Abhängigkeit des solaren Dek-

40   3 Erneuerbare Energiequellen

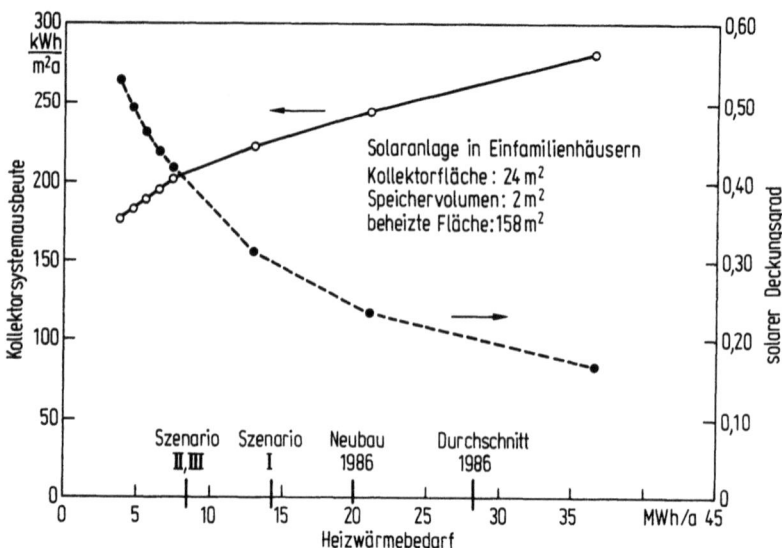

Bild 3.1. Kollektorsystemausbeute und solarer Deckungsgrad von Solaranlagen auf Einfamilienhäusern zur Deckung des Warmwasser- und Raumheizungsbedarfs in Abhängigkeit des Heizwärmebedarfs des Hauses. Der mittlere Heizwärmebedarf von Ein-/Zweifamilienhäusern in den Szenarien ist auf der Abszisse markiert

kungsgrads und der spezifischen Kollektorausbeute vom Heizwärmebedarf eines Einfamilienhauses von 158 m² beheizter Wohnfläche (bei konstant vorgegebenem Warmwasserbedarf) zeigt Bild 3.1. Für gut gedämmte Gebäude erreicht der gesamte solare Deckungsgrad in diesem Fall. 30% (Szenario I) bis 40% (Szenarien II, III) bei spezifischen Kollektorausbeuten von 200 kWh/m²a. Der solare Deckungsgrad für die Warmwasserbereitung allein liegt bei 65 bis 70%, dabei ergeben sich spezifische Ausbeuten zwischen 350 und 450 kWh/m²a. Da die spezifische Ausbeute der – unveränderten – Kollektoranlagen mit der Verbesserung des Wärmeschutzes stetig sinkt, steigen die spezifischen Solarwärmekosten entsprechend bei insgesamt sinkenden Aufwendungen für das gesamte Heizungssystem.

Die einzelnen Gebäudetypen und der unterschiedliche Energiebedarf (nur Warmwasser; Warmwasser und Heizung) verlangen unterschiedliche Solaranlagen. Neben einer typischen Anlage für Ein-/Zweifamilienhäuser wurden daher entsprechende Anlagen für Mehrfamilienhäuser bzw. kleine Nichtwohngebäude (für alleinige Warmwasserbereitung oder für Warmwasser und Heizung) und für mittlere bzw. große Nichtwohngebäude (nur Warmwasser- bzw. Prozeßwärmebereitung) berücksichtigt. Weiterhin wird die Freibaderwärmung und die Prozeß-

3.3 Solarthermische Kollektoranlagen   41

Tabelle 3.3. Vergleich verschiedener Ausbaustufen einer solarthermischen Energieerzeugung auf Gebäudedächern ohne und mit Beiträgen zur Raumheizung.

Szenario/Ausbaustufe Jahr 2020	Anzahl der versorgten Gebäude/Objekte (10^3)	Gesamte Kollektorfläche (10^6 m²)	Mittlere spezif. Kollektorausbeute (kWh/m²a)	Solare Nutzwärme gesamt (TWh/a)	Substituierte Endenergie (Mio t SKE/a)	Anteil an Wärme <100°C (%)
I, Warmwasser	8744,15	182	410	74,7	10,6	15,2
II, Warmwasser	8744,15	182	410	74,7	10,6	19,8
I, Warmwasser + Heizung	8744,15	351	300	105,5	15,0	21,6
II, Warmwasser + Heizung	8744,15	329	295	97,1	13,6	25,4

Tabelle 3.4. Struktur der solarthermischen Warmwasser- und Prozeßwärmeerzeugung auf Gebäudedächern, untergliedert nach verschiedenen Objektgrößen. Nach [25] und eigenen Berechnungen.

Nutzer	Anzahl (10^3)	Kollektorfläche je Anlage, (m²)	Kollektorfläche gesamt (10^6 m²)	Solare Nutzwärme spezifisch, (kWh/m²a)	Solare Nutzwärme gesamt (TWh/a)	Solarer Deckungsgrad	Substituierte Endenergie (Mio t SKE/a)
EFH/ZFH	5730	4	22,9	326	7,5	0,65	1,08
MFH/kleine NWG	2300	16	36,8	425	15,6	0,60	2,26
Mittlere/große NGW	345	158	54,7	425	23,2	0,60	3,35
Private Freibäder	310	25	7,8	300	2,3	1,0	0,34
Öffentl. Freibäder	4,15	1200	5,0	300	1,5	1,0	0,22
Prozeßwärme	55	1000	55,0	450	24,6	0,6	3,36
Gesamt, Mittelwert	8744,15	21	182,2	410	74,7	—	10,61

EFH/ZFH = Ein-/Zweifamilienhäuser, MFH = Mehrfamilienhäuser, NWG = Nichtwohngebäude

Tabelle 3.5. Erweiterter Ausbau der solarthermischen Energieerzeugung unter Einschluß von Raumheizung in Wohngebäuden und kleineren Nichtwohngebäuden. Nach [25] und eigenen Berechnungen.

Nutzer	Anzahl (10^3)	Kollektorfläche je Anlage (m²)	Gesamte Kollektorfläche (10^6 m²)	Spezifische Wärmeausbeute (kWh/m²a)	Gesamte solare Nutzwärme (TWh/a)
EFH/ZFH	5730	20	114,6	180	20,63
MFH/kleine NWG	2300	40	92,0	270	24,84
Mittl./große NWG[a]	345	158	54,7	425	23,20
Private Freibäder	310	25	7,7	300	2,33
Öffentl. Freibäder	4,15	1200	5,0	300	1,50
Prozeßwärme	55	1000	55,0	450	24,6
Gesamt, Mittelwert	8744,15	38	329,0	295	97,1

[a] nur Warmwasser/Prozeßwärme

wärmebereitstellung für Kleinverbraucher und Industrie in Großanlagen (1000 m² Kollektorfläche) betrachtet. Für letztere ist in unseren Breiten lediglich ein Temperaturbereich bis etwa 100 bis 120 °C für eine solare Deckung zugänglich (vgl. entsprechende Aufgliederung in Tab. 2.7). Tab. 3.3 gibt einen Gesamtüberblick über die Ergebnisse, die Tab. 3.4 und 3.5 gliedern die Ausbaustufen „Warmwasser" und „Warmwasser und Heizung, Szenario II" auf. Der Deckungsbeitrag der Solarwärme liegt im Szenario I zwischen 13,4 und 19% des Wärmebedarfs unter 100 °C, in Szenario II zwischen 16,7 und 21,5%. Die hohe spezifische Kollektorausbeute bei bloßer Warmwasser- und Prozeßwärmebereitung macht diese Option deutlich kostengünstiger als die Ausweitung auf die Raumwärme (vgl. Tab. 3.3 und 3.4). Der Flächenbedarf von 182 km² stellt keine Begrenzung dar. Bei Ausdehnung auf die solare Raumheizung wächst die Kollektorfläche überproportional bei sinkender spezifischer Ausbeute. Vorzuziehen ist deshalb zunächst eine sehr gute Wärmedämmung entsprechend Szenarien II und III, die bei geringerer Kollektorfläche einen höheren solaren Deckungsanteil erlaubt. Diesen Ausbauzustand stellt Tab. 3.5 mit 8,7 Mill. Solaranlagen zwischen 20 und 1200 m² Kollektorfläche und insgesamt 329 km² Kollektorfläche dar.

3.4 Energetische Nutzung von Abfallbiomassen und von Müll

In [25] sind sehr detailliert technische, strukturelle und wirtschaftliche Parameter für die Bereitstellung von Biogas aus Tiermist und der Verbrennung von anderweitig nicht nutzbarem Reststroh und Restholz für Baden-Württemberg ermittelt worden.

In der Bundesrepublik fallen jährlich etwa $18,5 \cdot 10^6$ t/a organische Trockensubstanz in Ställen an, produziert von etwa $13,7 \cdot 10^6$ Großvieheinheiten. Sie entspricht einem Bruttogaspotential von 50 TWh/a. Jeder Großvieheinheit (1 GV ≙ 500 kg Tiergewicht) entsprechen somit im Mittel rund 10 kWh Energieinhalt bzw. 1,7 m³ Biogas pro Tag. Für zu kleine und aus anderen Gründen nicht nutzbare Bestände muß ein Abschlag von rund 30% angenommen werden. Zur Aufrechterhaltung des Ausfaulprozesses in der Biogasanlage bedarf es rund 25% der erzeugten Biogasmenge in Form von Prozeßwärme. Der prinzipiell nutzbare Nettogasertrag beläuft sich demnach auf 26 TWh/a. Aus Kostengründen wird man einen hohen Verwertungsgrad des anfallenden Gases anstreben, wozu in vielen Fällen Verbund- oder Gemeinschaftsanlagen erforderlich sind und die gekoppelte Erzeugung von Wärme und Elektrizität. Bei einer konsequenten Nutzung dieses Energiepotentials im ländlichen Raum durch genossenschaftlich oder kommunal organi-

Tabelle 3.6. Potential der Abfallbiomassen in der Bundesrepublik Deutschland (OTS: organische Trockensubstanz, TM: Trockenmasse). Nach [25, 38, 40].

Energieart	Aufkommen Menge	Energie (TWh/a)	Nutzbare Endenergie (TWh/a)	1986 genutzt (TWh/a)	Annahmen
Biogas	$18,5 \cdot 10^6$ t OTS/a	50	21	0	Nichterfaßbar 30%, Eigenbedarf an Prozeßwärme 25%, Verwertungsgrad 80%
Reststroh	$25 \cdot 10^6$ t TM/a	120	38	0	energetisch verwertbar: 35%; Öläquivalent
Restholz	$12 \cdot 10^6$ t TM/a	60	16	0	energetisch verwertbar: 30%; Öläquivalent
Müll	$30 \cdot 10^6$ t/a	68	17	6,8	50% energetisch genutzt; 50% Ausbeute in Form von Wärme und Elektrizität
Brennholz heute	—	—	11,4	11,4	lt. Energiebilanz 1986
Gesamt:		298	103[a]	18,2	

[a] entspricht 8% der Endenergie 2020, II

3.4 Energetische Nutzung von Abfallbiomassen und Müll

sierte Energiekonzepte (z. B. [43, 44]) könnte ein mittlerer Verwertungsgrad von 80% erreicht werden, womit die nutzbare Endenergie in Form von Gas 21 TWh/a betrüge (Tab. 3.6).

In derartige Konzepte kann auch eine Mitverwertung anderer organischer Abfälle (Schlachthöfe, organischer Hausmüll u. ä.) eingebunden werden. Bei einer typischen Größenverteilung zwischen 30 GV (10 kW Nettogasleistung) und 1000 GV (3 MW Nettogasleistung) müßten dafür rund 140 000 Biogasanlagen in der Bundesrepublik erstellt werden. Nicht unerwähnt bleiben darf der umweltentlastende Einfluß von Biogasanlagen (Geruchs- und Volumenverringerung, Verringerung von Nitratauswaschungen, Reduktion von Handelsdünger), der eine finanzielle Begünstigung dieser Technologie nahelegt [45].

An Reststroh und Restholz fallen rund $37 \cdot 10^6$ t Trockenmasse (TM) je Jahr an. Der Energiegehalt von Stroh beträgt ca. 4,7 MWh/t_{TM}, der von Holz ca. 5 MWh/t_{TM}. Verwertungsgrade für energetische Zwecke können bei 30 bis 35% liegen, wobei der Sammlungsaufwand, speziell bei Abfallholz, eine wesentliche Begrenzung darstellt. Weiterhin muß die Entnahme von Holz aus Wäldern aus ökologischen Gründen eingeschränkt bleiben. Mit diesen Randbedingungen läßt sich ein energetische Nutzungspotential dieser Rohstoffe von zusammen 54 TWh/a Endenergie (Öläquivalent) bestimmen.

Die zweckmäßigsten, kostengünstigsten und umweltverträglichsten (Verwendung effizienter Abgasreinigungsverfahren möglich) Nutzungstechniken für Holz und Stroh sind Heizzentralen und Heizkraftzentralen von 0,5 bis etwa 40 MW für ländliche und kleinstädtische Nahwärmekonzepte sowie Blockheizkraftwerke mit Holzvergasung mit typischen Leistungen zwischen 200 und 350 kW$_e$. Rund 25 000 Anlagen würden zur Umsetzung der anfallenden Restmengen benötigt.

Bei der beschriebenen Nutzung des Potentials könnte die Land- und Forstwirtschaft – gleichbleibende Abfallmengen vorausgesetzt – 75 TWh/a Endenergie aus der energetischen Nutzung ihrer Abfälle bereitstellen und daraus Elektrizität und Nutzungswärme vorwiegend für Landgemeinden und Kleinstädte erzeugen.

Das Aufkommen an Müll beträgt derzeit rund $30 \cdot 10^6$ t/a, die einer Energie (Heizwert) von etwa 68 TWh/a entsprechen. Rund 7,1 Mio t/a werden derzeit verbrannt und daraus rund 6,8 TWh/a Endenergie in Form von Elektrizität und Fernwärme erzeugt. Der energetische Gesamtnutzungsgrad beträgt etwa 50%. Geht man längerfristig von einer 50%igen energetischen Nutzung der anfallenden Müllmenge aus, so lassen sich damit, unter Beibehaltung einer etwa 50%igen Ausnutzung des Heizwertes des eingesetzten Mülls, rund 17 TWh/a (7 TWh/a Elektrizität, 10 TWh/a Fernwärme) bereitstellen.

Darauf hinzuweisen ist allerdings daß die energetische Müllverwertung lediglich den drittbesten Weg darstellt nach der Rückführung wiederverwendbarer Materialien und der Vermeidung unnötiger Abfälle. Umweltbelastungen von Luft und Grundwasser durch Müllverbrennung lassen sich nicht vollständig vermeiden. Die Verbrennungsrückstände sind als Sondermüll zu behandeln.

Bilanziert man die Energieausbeute aus den beschriebenen Abfallarten, so erhält man nach Tab. 3.6 einschließlich des heutigen Brennholzeinsatzes eine nutzbare Endenergiemenge von rund 103 TWh/a (12,7 Mio t SKE/a), was rund 8% des Endenergiebedarfs des Szenarios 2020, II entspricht. Je nach Art der Versorgungskonzepte und der örtlichen Gegebenheiten sind daraus unterschiedliche Anteile von Elektrizität und Fern-(Nah-)Wärme bereitstellbar. Elektrizitätserzeugung wird in Kraft-/Wärme-Kopplung erfolgen, um möglichst hohe Nutzungsgrade zu erzielen. Für die vorliegende Untersuchung wird von einer Erzeugung von 16,9 TWh/a Elektrizität und 73,6 TWh/a Nutzwärme ausgegangen.

3.5 Nutzung der Wasserkraft

Das noch erschließbare Wasserkraftpotential ist für die Bundesrepublik [38], einzelne Bundesländer [25] und ausgewählte Regionen detailliert ermittelt worden. Danach beträgt das zusätzlich nutzbare Potential noch etwa 60 bis 75% der heute bereits genutzten Wasserkraft. Gegenwärtig erzeugen rund 3900 Kraftwerke (Tab. 3.7) 15,5 TWh/a Elektrizität (1986). Der weitere Ausbau würde zwar hauptsächlich von größeren Kraftwerken (>1 MW) getragen ($\Delta E = 9$ TWh/a), die Produktion aus Kleinwasserkraftwerken (<1 MW, $\Delta E = 2,3$ TWh/a) würde sich jedoch mehr als verdreifachen. Bemerkenswert ist daß der größere Teil des

Tabelle 3.7. Potential der Wasserkraft in der Bundesrepublik Deutschland (Werte in TWh/a). Nach [25, 38, 92].

Leistungsklasse	1986	Zusätzlich erschließbar			Möglicher Gesamtbeitrag
		Ausbau	Neubau	Gesamt	
<1 MW	1,04[a]	1,40	0,94	2,34[c]	3,38
>1 MW	14,49[b]	5,13	3,90	9,03	23,52
Gesamt	15,53	6,53	4,84	11,37	26,90[d]

[a] 3523 Anlagen mit 308 MW; $\bar{P} = 87$ kW
[b] 380 Anlagen mit 2600 MW; $\bar{P} = 6800$ kW
[c] ca. 6500 Standorte
[d] 7,8% von Endenergie 1986

Zugangs durch die Reaktivierung stillgelegter Anlagen/Wehre und den Ausbau bzw. die Modernisierung bestehender Kraftwerke erfolgen kann, und sich die Auswirkungen durch Neubauten auf die Umwelt daher in Grenzen halten. Sehr große Wasserkraftprojekte sind dabei ausgeschlossen. Die größten Neubauten befänden sich am Rhein mit 10 bis 20 MW Leistung [25]. Der mögliche Gesamtbeitrag von 27 TWh/a ($=7,5\%$ des Stroms von 2020, II bzw. 9,3% von 2020, III) würde von rund 10 000 Wasserkraftanlagen bereitgestellt.

Pumpspeicher sind gegenwärtig die einzige Art großtechnischer Elektrizitätsspeicherung. Derzeit existieren rund 3870 MW Speicherleistung, die eine Jahressumme von 2 TWh/a Elektrizität speichern. Möglich ist durch häufigere Lade- und Entladezyklen eine Steigerung der Energiejahressumme auf das 4 bis 5fache, entsprechend 2200 bis 2300 kWh/kW, a [25]. Damit stünde ohne weitere Leistungssteigerung ein zusätzliches Puffervolumen von rund 7 TWh/a zur Verfügung, falls Wind- oder Photovoltaikstrom gespeichert werden muß.

3.6 Lokale Nutzung der Windenergie

Aus rein technischer Sicht könnte man Windenergiekonverter „flächendeckend" im Abstand von etwa 10 Rotordurchmessern in windgünstigen Gebieten aufstellen. Bei diesem Abstand ist die direkte gegenseitige Beeinflussung der Windturbinen (Abschattung) nur noch gering[1]; dies ergibt einen Flächenfaktor – definiert als Verhältnis von Rotorfläche zu Gebietsfläche – von 0,008. Mit diesem Flächenfaktor lassen sich je nach Windkonvertertyp und unterer Grenze für die noch sinnvolle mittlere Windgeschwindigkeit am Konverterstandort *technische* Potentiale zwischen 85 und 125 TWh/a abschätzen [25, 38, 40, 46].

Bei der Abschätzung sinnvoller Potentiale sind jedoch weitere wesentliche Flächeneinschränkungen zu beachten. Sie reichen von Nutzungsbeschränkungen und -verboten in Siedlungs- und Verkehrsflächen, Waldbeständen, Natur- und Landschaftsschutzgebieten, Erholungsgebieten oder auf Privatgrund bis hin zu erforderlichen Sicherheitsabständen und Beschränkungen aus ästhetischen Gesichtspunkten. Diese Einschränkungen wirken sich auf Anlagen unterschiedlicher Größe verschieden aus. Die landwirtschaftliche Nutzung ist dagegen bei

---

[1] Bei sehr weiträumig ausgedehnten Windenergiekonverterfeldern ist generell mit einer Veränderung des Energieangebots der atmosphärischen Grenzschicht zu rechnen [47]; für die weiter unten angegebene Potentialabschätzung dürfte die entsprechende Korrektur aber nur gering ausfallen.

Anlagen, welche nicht zu klein sind oder zu dicht stehen, kaum eingeschränkt. Die beanspruchten Flächen für Fundamente und Abspannungen behindern die Weidewirtschaft überhaupt nicht, den Ackerbau in einem der Aufstellung von Strommasten vergleichbaren Maße. In einer detaillierten Untersuchung [48] wurden die für Windenergiekonverter des Typs „GROWIAN" (Rotorradius 50 m, 3 MW Nennleistung) im Küstenbereich der Bundesrepublik in Frage kommenden Standorte ermittelt. Tab. 3.8 faßt die entsprechenden Ergebnisse zusammen. Im folgenden werden Ergebnisse einer Potentialabschätzung [49] mit einem Mischsystem von Konvertern der Nennleistungen 1 MW, 300 kW und 55 kW wiedergegeben. Da für Windenergiekonverter kleiner

Tabelle 3.8. Abschätzung der für Windenergiekonversion im Küstenbereich der Bundesrepublik Deutschland geeigneten Flächen. Die Grunddaten (Spalte 1) basieren auf einer detaillierten Studie [48] zu möglichen Standorten von Windenergiekonvertern des Typs „GROWIAN".

Windzone	Anzahl der WEK mit Rotordurchmesser $D = 100$ m	Für Windenergiekonversion geeignete Fläche[b] (10^6 m^2)
I	1628 104[a]	1600 102
II	854	840
III	2680	2630

[a] Bei starken Nutzungseinschränkungen wegen ökologischer Randbedingungen und Fremdenverkehrsanforderungen
[b] Annahme: Gebietsfläche eines Windenergiekonverters ist Rotorfläche/0,008 (Aufstellung im Abstand von 10 Rotordurchmessern)

Tabelle 3.9. Kenndaten von drei Windenergiekonvertern, die für die Abschätzung des lokalen Windpotentials verwendet wurden. Prototypenanlagen im Nennleistungsbereich von mehreren MW wurden nicht berücksichtigt.

Nennleistung	Rotordurchmesser (m)	Rotorfläche (m^2)	Gebietsfläche[a] (10^6 m^2)
55 kW	16	201	0,025
300 kW	32	804	0,101
1000 kW	50	1964	0,246

[a] Gebietsfläche bei Aufstellung der Windenergiekonverter mit einem Abstand von 10 Rotordurchmessern

Tabelle 3.10. Mittlere jährliche Ausgangsleistung von Windenergiekonvertern nach Tab. 3.9 in 5 unterschiedlichen Windregionen im Küstenbereich. Die Daten wurden mit Hilfe des „Dänischen Windatlasverfahrens" unter Verwendung meteorologischer Basisdaten von Eelde, Bremen und List berechnet. Die am rechten Rand der Tabelle angegebenen Daten beziehen sich auf die Windzonen aus Tab. 3.8; bei den Leistungen handelt es sich um Mittelwerte der Zahlen aus dem mittleren Teil der Tabelle.

Meteorologische Basisdaten	Eelde		Bremen		List		Windzone	mittlere jährliche Leistung $\bar{P}$ (MWh/a)
Windregion	$\bar{v}_{10}$ (m/s)[a]	$\bar{P}$ (MWh/a)	$\bar{v}_{10}$ (m/s)	$\bar{P}$ (MWh/a)	$\bar{v}_{10}$ (m/s)	$\bar{P}$ (MWh/a)		
Marsch (Westküste)[b] $z_0 = 0{,}05$ m					5.4	154 813 2100	I	140 750 1850
Marsch (Nordküste)[b] $z_0 = 0{,}05$ m	5.0	131 683 1600						
Marsch (küstenfern) $z_0 = 0{,}05$ m	4.8	124 642 1500	4.2	93 482 964	5.1	138 716 1700	II	120 610 1390
Geest $z_0 = 0{,}1$ m	4.4	107 565 1200	3.9	80 417 791	4.7	120 634 1500	III	90 490 1040
Geest $z_0 = 0{,}2$ m	4.0	87 470 975	3.5	63 339 596	4.2	99 533 1200		

In den Spalten mit Angaben der mittleren jährlichen Leistung $\bar{P}$ sind jeweils untereinander die Werte für Windenergiekonverter der Nennleistung 55 kW, 300 kW und 1000 kW angegeben.

[a] z_0 ist die den Standort charakterisierende „Rauhigkeitslänge"; $\bar{v}_{10}$ ist die mittlere Jahreswindgeschwindigkeit in 10 m Höhe.
[b] Es wurde jeweils ein charakteristischer Standort angenommen, der sich 1,5 km östlich bzw. südlich der Küstenlinie in der Marsch befindet

Tabelle 3.11. Abschätzung des Windenergiepotentials im Küstenbereich der Bundesrepublik Deutschland. Die in Spalte 5 angegebenen Zahlen von Windenergiekonvertern der Typen nach Tab 3.9 sind weitgehend willkürlich gewählt; der vergleichsweise geringe Einsatz der 1-MW-Konverter bedeutet eine konservative Abschätzung des Potentials.

Windzone	geignete Flächen (10^6 m²)	$\bar{P}$ einzelne WEK (MWh/a)	Fläche pro WEK (10^6 m²)	Anzahl	$\bar{P}$ gesamt (TWh/a)	Fläche gesamt (10^6 m²)	installierte Leistung (GW)
I Küste	1600[a]	140	0.025	7840	1.1	196	
		750	0.101	10000	7.5	1010	
		1850	0.246	1600	3.0	394	
II Marsch (küstenfern)	840	120	0.025	3560	0.4	89	
		610	0.101	5000	3.1	505	
		1390	0.246	1000	1.4	246	
III Geest	2630	90	0.025	21000	1.9	525	
		490	0.101	15000	7.4	1515	
		1040	0.246	2400	2.5	590	
Zwischensummen				32400	3.4	810	1.8
				30000	18.0	3030	9.0
				5000	6.9	1230	5.0
Summe	5070			67400	28.3	5070	15.8

In den Spaltenbereichen mit jeweils drei Zahlenangaben untereinander beziehen sich diese auf Windenergiekonverter der Nennleistung 55 kW, 300 kW und 1000 kW.

[a] Bei Annahme der restriktiven Flächenabschätzung in Zone I (siehe Tabelle 3.8) ergibt sich bei ausschließlicher Verwendung von 1 MW-WEK ein jährlicher Energieeintrag von 0,8 TWh und damit ein Gesamtpotential über alle Zonen von 17,5 TWh/a.

WEK = Windenergiekonverter, $\bar{P}$ = mittlere jährliche Leistung ($\hat{=}$ Jahresenergieausbeute)

3.7 Lokale Photovoltaikanlagen im netzgekoppelten Betrieb

Nennleistung geringere Flächenbeschränkungen bestehen, stellen die in Tab. 3.8 angegebenen Flächenwerte eine konservative Abschätzung dar. Unter Verwendung der Kennlinien von Windenergiekonvertern entsprechend Tab. 3.9 wurde mit Hilfe des „Dänischen Windatlasverfahrens" [50] und den meteorologischen Basisdaten des „Europäischen Windatlas" [51] die in Tab. 3.10 wiedergegebenen mittleren jährlichen Ausgangsleistungen der drei Standardturbinen an diversen Küstenstandorten berechnet. Für die 55 kW- und die 300 kW-Windanlage wurden empirische Kennlinien, für die 1000 kW-Anlage Datenblattinformationen einer Windturbine mit 45 m Rotordurchmesser verwendet. Wegen möglicher Unsicherheiten in der Charakteristik der 1000 kW-Anlage wurde bei der Flächenberechnung von einem um 10% größeren Rotordurchmesser ausgegangen. Als Bezugsstandort – die das regionale Windfeld charakterisieren – wurden Eelde bei Groningen (NL), Bremen und List auf Sylt gewählt. Die Zuordnung zu den drei Windzonen aus Tab. 3.8 geht aus der vorletzten Spalte hervor. Die letzte Spalte diese Tabelle gibt die über die Zone gemittelten gerundeten mittleren jährlichen Ausgangsleistungen der entsprechenden Windenergiekonverter wieder.

Auf der Grundlage dieser Daten können realistische Potentialabschätzungen erfolgen, wenn man eine relative Verteilung der Windenergiekonvertertypen vorgibt. Tab. 3.11 zeigt ein Beispiel. Die Energieerzeugung erfolgt in diesem Fall im wesentlichen über Turbinen der mittleren Größenklasse (300 kW); es ist derzeit zu vermuten, daß diese Turbinen einen sinnvollen Kompromiß zwischen Energiekosten und ökologischen Beeinträchtigungen darstellen.

Das in Tab. 3.11 angegebene Potential von 28 TWh/a bzw. 17,5 TWh/a (s. Fußnote in Tab. 3.11) muß noch mit einem Faktor von etwa 0,9 nach unten korrigiert werden, da vermutlich die Aufstellung der Konverter meist gebündelt in Windparks erfolgen wird und durch gegenseitige Abschattungseffekte mit einer Leistungsreduzierung um 10% zu rechnen ist.

Damit ergibt sich im Küstenbereich ein Potential zwischen 25 TWh/a und 16 TWh/a. Abschätzungen des Ertrags von Binnenlandstandorten (insbesondere Mittelgebirge) ergeben z. B. allein für Baden-Württemberg [25] Werte von 2,5 TWh/a. Damit erscheint es sinnvoll, von einem realistischen Potential für die Elektrizitätserzeugung über lokale Windenergiekonversion auf dem Gebiet der Bundesrepublik Deutschland von 20 TWh/a auszugehen.

3.7 Lokale Photovoltaikanlagen im netzgekoppelten Betrieb

Infolge des modularen Aufbaus von Photovoltaikanlagen ist diese Energiequelle bei dezentralem Einsatz sehr flexibel. Bis zu einer gewissen Größe werden keine Landflächen beansprucht, da Photovoltaikmodule in die Bausubstanz (Dächer, Fassaden) integrierbar sind. Photovoltaikanlagen lassen sich gleichstromseitig zusammenfassen und in Umspannstationen in Verbundnetze einspeisen. Damit sinkt der Aufwand für Regelung, Wechselstromerzeugung, Sicherheitseinrichtungen und Wartung; Lastgänge von Haushalten, die für den Betrieb von photovoltaische Anlagen eine ungünstige Spitzencharakteristik aufweisen, sind im Kollektiv an der Umspannstation schon wesentlich ausgeglichener. Die Regelungseinrichtungen öffentlicher Verbundnetze können einen beträchtlichen Anteil fluktuierender Einspeisung aus Solar- und Windenergieanlagen verarbeiten (s. Abschn. 4). Tab. 3.12 klassifiziert die Grundtypen photovoltaischer Anlagen und beschreibt ihre Bedeutung für die bundesdeutsche Energieversorgung.

Im Gegensatz zu lokalen thermischen Solaranlagen, deren Größe vom Energiebedarf des Einzelabnehmers bestimmt wird, kann die Photovoltaik vorhandene Dachflächen prinzipiell vollständig ausnutzen, wenn sie an das elektrische Versorgungsnetz angeschlossen ist. An Restdachflächen stehen in Szenario II nach Abzug der Flächen für thermische Kollektoren noch 426 km^2 Sammlerfläche (= Modulfläche) zur Verfügung. Diese Fläche dient als Richtwert für das Potential der lokalen Photovoltaikanlagen.

Bei einem mittleren jährlichen Strahlungsangebot von ca. 1100 kWh/m^{2}a, einem zukünftigen Photovoltaik-Modulwirkungsgrad von 15% und einen Systemwirkungsgrad von 80% beträgt die jährliche spezifische Energieausbeute 132 kWh/m^{2}a. Damit lassen sich jährlich 56,2 TWh/a Elektrizität bereitstellen bei einer Spitzenleistung aller Anlagen bei maximaler Einstrahlung (1 kW/m^2) von 51 GW. Die Anlagengröße liegt zwischen etwa 1 kW (8,3 m^2) und mehreren 100 kW (500 kW entsprechen 4200 m^2 Modulfläche), rund $5 \cdot 10^6$ Einzelanlagen würden die Energie bereitstellen.

3.8 Gesamtpotential lokaler Energieerzeugung mittels erneuerbarer Energiequellen

Die einzeln erläuterten Potentiale lassen sich zum Gesamtpotential der lokal genutzten erneuerbaren Energiequellen zusammenfassen, wobei „lokal" mittels der in Tab. 3.13 genannten Kriterien definiert ist (vgl.

Tabelle 3.12. Beschreibung und Einschätzung von drei Grundtypen photovoltaischer Energieerzeugung für mitteleuropäische Verhältnisse. In Anlehnung an [25].

System	Autarke PV-Anlage Inselsystem	Kleinere bis mittlere netzgekoppelte Anlage	Größere netzgekoppelte Kraftwerke
Ungefährer Leistungsbereich (Spitzenleistung)	0,1–10 kW	1–100 kW	100 kW –> 1 MW
Flächennutzungsfaktor f	0,4–0,8	0,4–0,8	0,4–0,8
Typische Land- bzw. Dachfläche, horizontal für f = 0,8 / f = 0,4	1–100 m^2 / 2–200 m^2	10–1000 m^2 / 20–2000 m^2	1000–10000 m^2 (1 MW) / 2000–20000 m^2 (1 MW)
Betriebsart	Gleichspannung, mit Inverter auch Wechselstrom, Batteriespeicher	Wechsel- oder Drehstrombetrieb, netzsynchronisiert. Für Eigenverbrauch u. Rückspeisung ins Netz	Drehstrom, Einspeisung in Hochspannungsnetz. Große Modulfelder m. mehreren Invertern, dadurch unabhängig zu- u. abschaltbar, anpaßbar an Kapazitätsnachfrage
Einsatzart	Alleinstehende Gebäude oder Einrichtungen, wenn Netzanschluß nicht möglich oder zu teuer, konkurriert mit Dieselaggregat oder auch Windanlagen; auch Verbund mit diesen möglich. In BRD wegen hoher Versorgungsdichte nur gelegentlich einsetzbar; eventuell früher Markt; für Energiebilanz unerheblich	Auf Dächern direkt beim Verbraucher, größere Anlagen auf Flachdächern von Industrie- od. öff. Gebäuden. Einspeisung auf Niederspannungsschiene v. Umspannstationen, kleinere Anlagen auch gleichstromseitig zusammenfaßbar. Günstige Variante f. BRD: bei knapper Auslegung keine Rückspeisung (fuelsaver-Betrieb), energetisch bedeutsam. Betrieb von Privat, kommun. oder regionalen EVU	Auf sehr großen Dächern überwiegend jedoch auf dem Erdboden. In dicht besiedelten Gebieten nur auf bereits genutztem Grund (Parkhäuser, große Überdachungen), im ländl. Raum auf Brach- u. Grenzertragsflächen unter Beachtung ökolog. Gesichtspunkte; zu späterem Zeitpunkt energetisch bedeutsam. Betrieb durch Stromversorgungsunternehmen

Tabelle 3.13. Zusammenfassung der Einzelpotentiale lokaler regenerativer Energieerzeugung, aufgeschlüsselt nach Wärmeerzeugung sowie kontinuierlicher und fluktuierender Stromerzeugung. Die Wärmemengen sind auf das fossile Endenergieäquivalent umgerechnet (Werte in TWh/a). Werte 1987 nach [92, 93, 94], Umgebungswärme nach [38].

Kriterien: • kein Langzeitspeicher, d. h. Systeme arbeiten in Kopplung mit herkömmlicher Energieversorgung
• keine Belegung von Landflächen durch Kollektoren und Solarzellen
• keine Energieplantagen

	1987	gesamtes Potential (gerundet)	wesentliche Begrenzungen
Wärmeerzeugung			
Solarwärme }	} 2	111 }	Zahl geeigneter Verbraucher
Umgebungswärme }		30 }	und ihr Wärmebedarf
Restholz/-stroh	10,4	57	Menge, Zahl der Nahwärmenetze
Biogas	—	17	Menge; Hofgröße
Müll, Klärschlamm	5,0	10	energetischer Anteil; Ausbeute
Gesamt (Endenergie)	17,4	225	
Stromerzeugung			
a) kontinuierliche Darbietung:			
Wasserkraft	15,9	27	Potential, Standorte
Restholz/-stroh	0,1	7 }	Menge, Zahl der KWK-
Biogas		3 }	Anlagen
Müll, Klärschlamm	4,1	7	energet. Anteil; Ausb.
	20,1	44	
b) fluktuierende Darbietung:			Einbindung in Strom Verbundnetze (beide),
Windenergie	0,1	20	Ausbaubeschränkungen
Photovoltaik	—	56	Dachflächen
	0,1	76	
Gesamt (Endenergie)	20,2	120	
Summe	37,4	345	

Abschn. 3.2). Hinzugefügt wird ein Deckungsbeitrag durch Umgebungswärme mittels Gas- und Elektrowärmepumpen entsprechend einer Abschätzung aus [38]. Zugrundegelegt wurde das dort ermittelte ausschöpfbare Potential bis 2000 ohne Kostenreduktion der Technologie bei Energiepreisen des Falls 2 (13 Pf/kWh in 2000 für Heizöl) von rund

3.8 Gesamtpotential lokaler Energieerzeugung

3,5 Mio t SKE Umweltenergiegewinn. Dies entspricht einer substituierten Endenergie von rund 30 TWh/a. Man erhält insgesamt einen Beitrag zur Wärmeerzeugung von 225 TWh/a ($\cong$ 29% des Wärmebedarfs von Szenario 2020, II bzw. 17% des Wärmebedarfs von 1986) und einen Beitrag zur Strombereitstellung von 120 TWh/a ($\cong$ 33% des Strombedarfs von Szenario 2020, II bzw. 42% des von Szenario 2020, III). Da der Beitrag lokaler solarer Energiequellen zur Treibstoffbereitstellung zu Null angenommen wird, ergibt sich, bezogen auf den gesamten Endenergiebedarf, ein Deckungsanteil von 27% (Szenario 2020, II) entsprechend 17% des Verbrauchs von 1986. Eine Mobilisierung dieses Potentials würde den Beitrag

Gesamtbeitrag 1987: 10 Mio t SKE/a ($\cong 2{,}5\%^1$)
Technisch verwirklichbares Gesamtpotential: 71 Mio t SKE/a ($\cong 26{,}5\%^1$ von Szenario 2020 II)

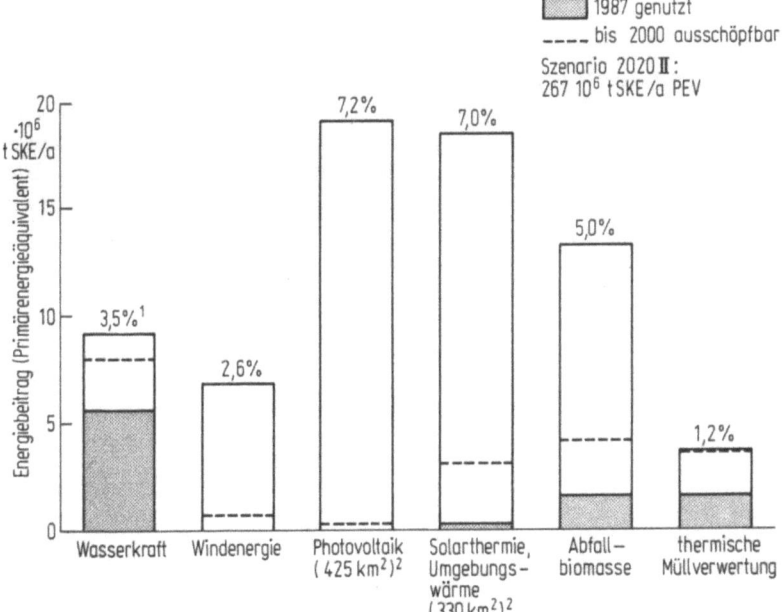

[1] Beitrag an Primärenergieverbrauch
[2] Aktive Sammlerfläche (*nur* auf Dachflächen)

Bild 3.2. Möglicher Beitrag lokaler Potentiale erneuerbarer Energiequellen zur zukünftigen Energieversorgung der Bundesrepublik Deutschland. Bei voller Ausschöpfung bis zum Jahr 2020 beträgt der Anteil 26,5% des Primärenergieverbrauchs des Szenarios II (Definition des Potentials s. Tab. 3.13 und Text). Der bis zum Jahr 2000 vermutlich maximal erreichbare Beitrag beträgt rund 20 Mio. t SKE/a

erneuerbarer Energiequellen gegenüber heute (37 TWh/a) verzehnfachen. Beachtet werden müssen die unterschiedlichen Qualitäten der angebotenen Sekundärenergien Wärme und Elektrizität. Rund 75% der erzeugten Wärme fällt unter 120 °C an, dient also für Raumheizung, Warmwasserbereitung und entsprechende Prozeßwärme. Zusammen mit der sich ebenfalls ausdehnenden Fernwärme (vgl. Tab. 2.5) würden rund 70% des Gesamtbedarfs an Niedertemperaturwärme in Szenario 2020, II von erneuerbaren Energiequellen und Fernwärme bereitsgestellt. Hieraus können sich regional und infolge des wechselnden jahreszeitlichen Angebots durchaus Nutzungseinschränkungen ergeben, die im Rahmen der vorliegenden Untersuchung jedoch nicht überprüft werden konnten. Rund 60% der über lokale erneuerbare Energiequellen bereitgestellten Elektrizität (Wind, Photovoltaik) hat fluktuierenden Charakter, muß also jederzeit in das Verbundnetz eingekoppelt werden können, wodurch „Fahrweise" und Auslastung anderer Kraftwerke beeinflußt werden, oder es müssen Speicher zur Verfügung stehen.

Das Primärenergieäquivalent aller lokal bereitstellbaren erneuerbaren Energiearten beträgt, entsprechend den Annahmen der Tab. 2.8, hinsichtlich der Umrechnungsfaktoren von Endenergie in Primärenergieäquivalente 71 Mio t SKE/a (1987: rund 10 Mio t SKE/a). Die Beiträge der einzelnen Energiearten zeigt Bild 3.2. Sie reichen von rund 3% bei der Windenergie bis 7% bei der solarthermischen und

Tabelle 3.14. Struktur einer regenerativen Energieerzeugung bei voller Ausnutzung der lokalen Potentiale nach Tab. 3.13. Die Zahl der erforderlichen Anlagen zeigt den stark dezentralen Charakter dieser Art von Energiebereitstellung.

Energiequelle	Endenergie TWh/a	Nennleistung GW_{th}, GW_{el}	Anzahl der Anlagen (10^3)	Bandbreite der Leistungen
Solare Wärme	111	100	8745	5–300 kW_{th}
Umgebungswärme	30	—	3000	5–100 kW
Biogas	20	2,4	140	10–3000 kW_{Gas}
Holz/Stroh	64	25	25	500 kW_{th}–10 MW_{th}
Wind	20	14	70	50–1200 kW_{el}
Wasser	27	6	10	20 kW_{el}–mehrere 10 MW_{el}
Photovoltaik	56	51	5000	1–mehrere 100 kW_{el}
Summe	345	(einschließlich 17 TWh/a aus Müll)		
Beitrag 1987	37,4 = 1,5% des Endenergieverbrauchs 1987			

photovoltaischen Nutzung der Strahlungsenergie. Jeder Einzelbeitrag ist von Bedeutung, es gibt keine herausragende Energieart im Rahmen der hier benutzten Kriterien hinsichtlich *lokaler* Potentiale. Die Anlagen zur Nutzung der lokalen Potentiale haben überwiegend kleine Leistungen. Entsprechend hoch ist die Zahl der erforderlichen Anlagen (Tab. 3.14). Sie müssen entweder am Ort der anfallenden Energie aufgestellt werden (Wasserkraft, Wind, Biogas, weitgehend auch Holz und Stroh) und dort das Energieangebot in angepaßter Form nutzen, oder sie müssen sich als flächenhafte Systeme (Photovoltaik, solarthermische Kollektoren) der Siedlungsstruktur anpassen, was ihre Leistung ebenfalls begrenzt. Dies ist kein Nachteil, da der größte Teil des Energieverbrauchs ebenfalls dezentral und flächenhaft erfolgt und in kleinen und mittleren Leistungen benötigt wird. Um ausreichende Versorgungssicherheit zu gewährleisten, bedarf es allerdings lokal optimierter Energiekonzepte, die möglichst schon vor Ort für potentiellen Ausgleich von Angebots- und Lastschwankungen sorgen (im Falle der Elektrizität), die die Aufstellung von Gemeinschaftsanlagen oder Verbundanlagen (Nahwärmenetze) vorsehen und die gleichzeitig die zweckmäßigste Anbindung an die überregionale Versorgung gewährleisten.

3.9 Optionen für eine großflächige Nutzung erneuerbarer Energiequellen

Mit der Nutzung lokaler Potentiale erneuerbarer Energiequellen sind die Möglichkeiten solarer Energien noch keineswegs ausgeschöpft. Nach oder während ihrer Erschließung wird man sich auch denjenigen Optionen zuwenden, die Solarenergie in großem Umfang einsammeln, dafür aber entsprechender Flächen unterschiedlicher Qualität bedürfen. Eine Ausdehnung in diese Bereiche der Sonnenenergienutzung wird u. a. auch dadurch gekennzeichnet sein, daß man einen wachsenden Anteil der gewonnenen Sekundärenergie in speicherbarer Form benötigt, um von dem fluktuierenden Angebot der Sonnenenergie unabhängig zu werden. Dies wiederum ist mit zusätzlichem Aufwand und mit Speicherverlusten verbunden.

Für die unter Abschn. 3.2 aufgeführten Optionen sind die charakteristischen Kennwerte in Tab. 3.15 aufgeführt. Die Bezugsfläche von 1000 km^2 Land (Fläche der Bundesrepublik: 248 694 km^2) ist jeweils identisch, so daß die Energieerträge direkt vergleichbar sind. Die spezifischen Ausbeuten, einschließlich der Aufwendungen bzw. Verluste für den Transport im Falle des Imports von Energie, sind [4, 25]

Tabelle 3.15. Verschiedene Möglichkeiten einer großflächigen Nutzung erneuerbarer Energiequellen über die lokalen Potentiale hinaus. Die einheitliche Bezugsfläche beträgt 1000 km² Landfläche, die Energieausbeute wird mit dem Endenergieverbrauch des Szenarios II im Jahr 2020 verglichen. Standorte in Mitteleuropa und Südspanien/Nordafrika

	Technologie	Art und Qualität der Energie	Art der benötigten Fläche	Sammler-fläche (10^6 m²)	Spezifische Ausbeute (kWh/m²a)	Endenergie (TWh/a)	(% v. Sz. 2020 II)
Mitteleuropa	Flachkollektoren + Saisonspeicher	Wärme < 100°C	Land in Verbrauchernähe	500	390	216	17,0
	Photovoltaik	Elektrizität, stark fluktuierend	Brachland, große Überdachungen	500	132	66	5,2
	PV + Wasserstoff	Brenn-, Treibstoff	"	500	100	50	3,9
	Wind, off-shore	Elektrizität, fluktuierend	küstennahes Meer	5,7[b]	1800[a]	10	0,8
	Schnellwachsende Hölzer	Brennholz	Brachland, Grenzertragsflächen	1000	5	5,0	0,4
	Äthanol aus Weizen	Treib-, Brennstoff + Biogas	"	1000	1,1	2,9[c] (1,1)	0,2[c] (<0,1)
Südspanien Nordafrika	PV + Transport	Elektrizität, fluktuierend	Trockengebiete; Transporttrasse	500	190	95	7,5
	Solarturmkraftwerk + Transport	Elektrizität, tageszeitlich fluktuierend	"	250	280	70	5,5
	PV + Wasserstoff + Transport	Brenn-, Treibstoffe	"	500	152	76	6,0

[a] je m² Rotorfläche,
[b] gesamte Rotorkreisfläche; 2000 Anlagen je 1,2 MW,
[c] mit Abfallnutzung, in Klammern Ertrag des Hauptproduktes
PV = Photovoltaikkraftwerk

Tabelle 3.16. Energieausbeuten des „Energiepflanzen"-Anbaus und Vergleich mit der Ausbeute technischer Systeme. Die Bezugsfläche beträgt 1 Million Hektar (= 10000 km²), die Werte sind in Mio t SKE/a angegeben. Nach [25].

A „Energiepflanzen"

Pflanze	Bruttoenergieausbeute Hauptprodukt	Nettoenergieausbeute ohne Abfallnutzung	Nettoenergieausbeute mit Abfallnutzung	Energieart
Schnellwachsende Hölzer	6,2	5,0	5,0	Brennstoff
Öl aus Raps	1,5	0,6	2,9	Treibstoff, Brennstoff (Stroh)
Äthanol				
— aus Zuckerrüben	3,4	1,0	1,3	Treibstoff, Biogas
— aus Weizen	1,4	−0,2	3,5	Treibstoff, Brennstoff, Biogas

B Technische Systeme

Thermische Kollektoren	390 kWh/m²a,	$f_L = 0{,}50$:	240	Wärme <100°C
Solarzellen	130 kWh/m²a,	$f_L = 0{,}50$:	80	Elektrizität
Solarzellen + Elektrolyse	100 kWh/m²a,	$f_L = 0{,}50$:	61	Brennstoff

entnommen und teilweise leicht aktualisiert worden. Die Werte repräsentieren einen technologischen Stand, wie er bei zielstrebiger Weiterentwicklung der Technologien um die Jahrhundertwende erreichbar sein dürfte (z. B. Photovoltaik-Systemwirkungsgrad Mitteleuropa 12%, Nordafrika 9,6%). In Labors oder von kleinen Testanlagen heute bereits teilweise erreichte höhere Werte sind nicht berücksichtigt.

Die Energieausbeuten und -qualitäten unterscheiden sich beträchtlich. Die mit hoher Ausbeute gewinnbare Niedertemperaturwärme ist schlecht speicher- und transportierbar und nur begrenzt einsetzbar (vgl. Abschn. 3.8). Außerdem wird sie auch in unmittelbarer Nähe der Verbraucher benötigt. Solare Elektrizität ist zwar universell verwendbar, wird aber in fluktuierender Form angeboten und kann daher nur bis zu gewissen Grenzen direkt genutzt werden (vgl. Kap. 4). Die Wasserstofferzeugung reduziert – und verteuert – die Ausbeute. Die biologischen Systeme produzieren zwar in einem Umwandlungsschritt speicherbare Energie, haben aber im Vergleich zu technischen Systemen um eine Größenordnung geringere Ausbeuten. Um beispielsweise 10% des heutigen Treibstoffverbrauchs, also 53 TWh/a, durch Ethanol aus Weizen zu ersetzen, würden rund 48 000 km^2 Anbaufläche benötigt, 35% der heutigen Landwirtschaftsfläche in der Bundesrepublik (Tab. 3.16). Um die energetische Ausbeute zu erhöhen und einen Teil der Vorleistungen zurückzugewinnen, wäre auch die energetische Nutzung der Abfallprodukte (Stroh, Schlempe) in Form von Brennstoffen und Biogas erforderlich.

Das hohe Energieangebot in südlichen Ländern ermöglicht im Falle der Photovoltaik auch unter Berücksichtigung von Transportverlusten höhere Energieausbeuten als die gleiche Anlage in Mitteleuropa. Dort sind auch im allgemeinen größere, gegenwärtig nicht genutzte Flächen verfügbar. Solarthermische Kraftwerke können nur in einstrahlungsreichen Gebieten stehen. Aus der Sicht eines mitteleuropäischen Industrielandes sind importierter Wasserstoff aus photovoltaischen Anlagen und importierter Strom aus thermischen Solarkraftwerken mit Tagesspeichern daher wichtige Optionen für die großflächige Nutzung erneuerbarer Energiequellen. Auch die Chancen für eine gesamteuropäische Energiepolitik sollten dabei nicht außer acht gelassen werden.

Die in Tab. 3.15 dargestellten Optionen mit speicherbaren Energieformen sind im Rahmen der genannten Einschränkungen nur durch die verfügbaren bzw. die dafür bereitgestellten Flächen begrenzt. Ihr Deckungsanteil an einer zukünftigen Energieversorgung kann daher Werte in einer beträchtlichen Schwankungsbreite annehmen. Eine Ermittlung von „Obergrenzen", wie es bei den lokalen Potentialen geschah, ist nicht sinnvoll.

3.9 Großflächige Nutzung

Bei der Diskussion unterschiedlicher Szenarien zur Energiebereitstellung mit starker Reduktion fossiler Energiequellen und einem Verzicht auf die Nutzung nuklearer Energiequellen, wie sie in Kap. 7 durchgeführt wird, muß in vielen Fällen auf diese großflächige Nutzung erneuerbarer Energiequellen zurückgegriffen werden. Es ist in diesen Fällen zweckmäßig, sowohl die Anteile lokal nutzbarer als auch der nur großflächig nutzbaren erneuerbaren Energiequellen parametrisch zu variieren und jeweils darzulegen, welcher Aufwand mit dem Aufbau der entsprechenden Gesamtkonfiguration verbunden ist. In welcher Weise dies geschehen kann, wird auch davon abhängen, welche Anteile der fluktuierenden solaren Energien direkt genutzt werden können und ab welchem Beitrag in größerem Umfang speicherbare Energieträger eingeführt werden müssen. Als ein wesentlicher Parameter wird daher das Verhältnis fluktuierender zu insgesamt erzeugter Elektrizität zu betrachten sein.

4 Einspeisung fluktuierender Energie aus Solar- und Windenergiewandlung in elektrische Verbundnetze

Von den in den Abschn. 3.8 und 3.9 behandelten Energieformen weist die aus Wind- bzw. Solarenergie gewonnene elektrische Energie starke zeitliche Schwankungen auf; die Fluktuationen reichen vom Kurzzeitbereich (Minuten) bis hin in das Gebiet saisonaler Variationen. Im folgenden soll in Form einer Abschätzung untersucht werden, inwieweit die übrigen Komponenten zukünftiger elektrischer Netze (konventionelle Kraftwerke, Elektrizitätserzeugung aus Wasserstoff, Abnehmer) die Schwankungen auffangen können bzw. in welchem Umfang Solar- und Windelektrizität mit einer geringeren Wertigkeit behaftet sind.

Die Regelung konventioneller Kraftwerkparks erfolgt auf drei zeitlichen Ebenen:
— Primärregelung im Sekundenbereich (Nutzung des Energieinhalts rotierender Massen, thermische Kapazitäten),
— Sekundärregelung im Minuten- bis Halbstundenbereich (aktive thermische Regelung der Kraftwerke),
— Tertiärregelung im Stundenbereich (Schalten von Kraftwerken).

Moderne Kraftwerke haben im Kurzzeitbereich typische Regelzeitkonstanten von der Größenordnung 60% der Nennleistung P_N in 7 min (Bild 4.1; [53]). Zukünftige Wasserstoffkraftwerke z. B. auf Brennstoffzellenbasis können deutlich geringere Regelzeiten besitzen.

An *einzelnen* Photovoltaik- und Windenergieanlagen treten im Kurzzeitbereich sehr steile Leistungsschwankungen auf. Bild 4.2 gibt ein solches Beispiel extremer Leistungsschwankungen bei photovoltaischer Energiewandlung (die elektrische Leistung ist der Strahlung in guter Nährung proportional). Die Punktfluktuationen (an Einzelmodulen) betragen etwa bei schnell ziehenden Wolkenmustern durchaus 50% der Nennleistung in einer Minute bzw. 75% der Nennleistung in 3 min. Variationen der Ausgangsleistungen einzelner Windenergieanlagen liegen im Kurzzeitbereich in der gleichen Größenordnung. Derartigen Leistungseinbrüchen bzw. -anstiegen kann der konventionelle Teil eines Netzes bei der oben angenommenen Technik nicht folgen.

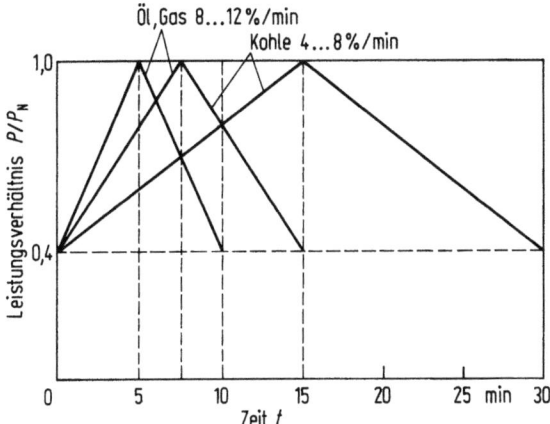

Bild 4.1. Regelfähigkeit moderner thermischer Kraftwerke. Je nach Kraftwerkstyp kann eine Leistungsvariation von 40% der Nennleistung auf Vollast (bzw. von 100% auf 40%) innerhalb von 5 bis 15 min erfolgen

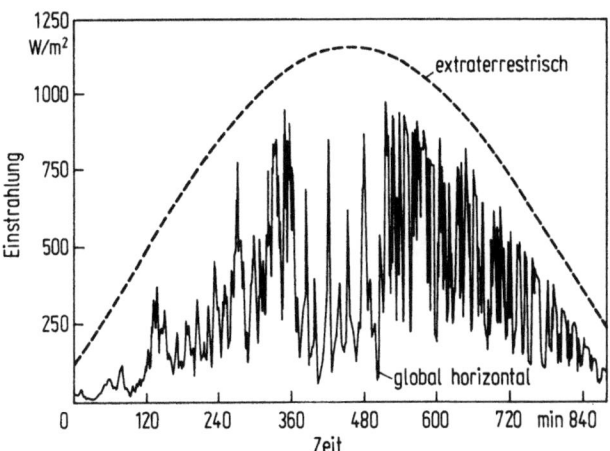

Bild 4.2. Zeitmuster der Solarstrahlung an einem Punktstandort für einen Tag mit extremen Strahlungsfluktuationen. Da die Ausgangsleistung von Photovoltaikkraftwerken im wesentlichen der Einstrahlung proportional ist, ergäben sich in der Mitte dieses Tages Leistungsschwankungen von 50% der Spitzenleistung innerhalb einer Minute. Bei großflächig verteilten Solarkonverteranlagen gleichen sich diese Fluktuationen aber weitgehend aus, da die Schwankungen im Kurzzeitbereich räumlich praktisch nicht korreliert sind

4 Einspeisung fluktuierender Energie

Wegen der geringen Energiedichte und ihres modularen Charakters muß und kann eine auf regenerativen Quellen basierende Elektrizitätsversorgungstechnik stets in breiter räumlicher Verteilung angewandt werden. Diese flächenmäßige Streuung der Anlagen bewirkt einen weitgehenden Ausgleich der Fluktuationen im Sub-Stundenbereich. Der Grund hierfür ist die geringe Kohärenz der Fluktuationen von Wind-

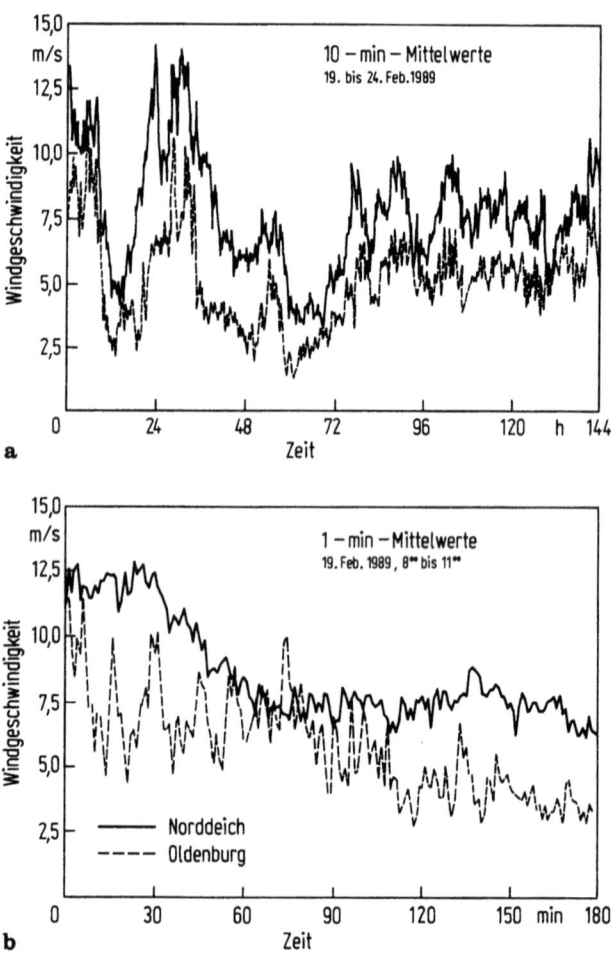

Bild 4.3. Zeitlich synchrone Messung der Windgeschwindigkeit (Minutenmittelwerte) an zwei Standorten in Norddeutschland mit einem Abstand von 80 km. **b** (Zeitachse Minuten) stellt einen Ausschnitt von **a** (Zeitachse Stunden) dar. Im Mittelfristbereich zeigen die Zeitreihen starke Kohärenz; im Substundenbereich dagegen sind die Fluktuationen praktisch nicht korreliert

und Solarenergieflüssen an unterschiedlichen Standorten in diesem Zeitbereich. Dabei zerfällt die Korrelation der Schwankungen mit zunehmendem Abstand und zunehmender Frequenz der Fluktuationen. Insbesondere „hoch"-frequente Schwankungen im Bereich von etwa $2 \cdot 10^{-3}$ Hz (Periode 8 min) sind bei Wetterlagen mit starker Fluktuation schon nach wenigen Kilometern ohne zeitlichen Zusammenhang.

Bild 4.3 gibt ein exemplarisches Beispiel: Dargestellt sind zwei zeitlich sychrone Meßreihen der Windgeschwindigkeit (Minutenmittelwerte) an den Meßorten Oldenburg (untere Kurve) und Norden (80 km nordwestlich von Oldenburg). Bild 4.3b ist ein zeitlicher Ausschnitt aus Bild 4.3a. Es ist zu sehen, daß die Zeitreihen im *Mittelfristbereich* (Stunden, Tage) eine deutliche Kohärenz zeigen; im *Kurzfristbereich* sind die Kurven dagegen unkorreliert. Eine Reduktion der höherfrequenten Anteile der Systemfluktuationen bei N gekoppelten Einzelkonvertern (Abstand einige km) mit näherungsweise $1/\sqrt{N}$ [1] ist dementsprechend zu

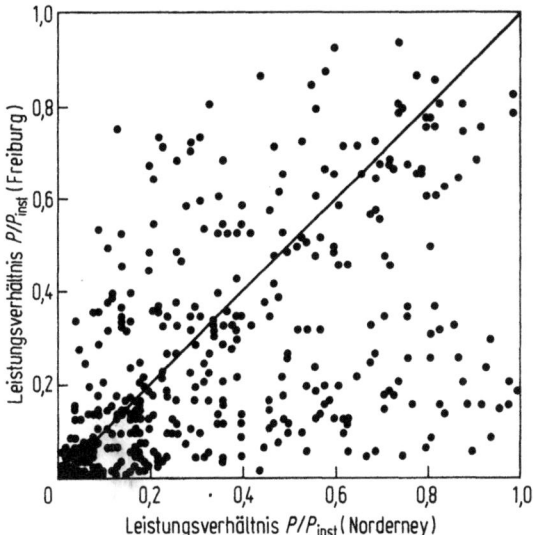

Bild 4.4. Streudiagramm von Stundenmittelwerten der Ausgangsleistung hypothetischer Solarkraftwerke in Freiburg und in Norderney (Nachtwerte nicht eingezeichnet). Die Häufigkeit der Punkte um die Hauptdiagonale läßt eine deutliche Korrelation der Stundenmittelwerte im Mittelfristbereich erkennen. Daten von Mai 1985; Deutscher Wetterdienst; Kollektorneigung 50°

---

[1] Der Faktor $1/\sqrt{N}$ ist dabei die maximal erreichbare Reduktion; in realen Situationen – bei noch verbleibender Restkorrelation – kann die Verbesserung geringfügig kleiner sein.

erwarten; d. h. ein System von 10 000 derartigen Anlagen zeigt im 10-min-Bereich bei Wetterlagen mit hohen Energieflußschwankungen nur noch größenordnungsmäßig 1% der Schwankungen einer Einzelstation. Für Solarenergiekonversion kann eine qualitativ gleiche Feststellung getroffen werden.

Aus den bisher zu diesem Themenkreis durchgeführten Untersuchungen [54] läßt sich die begründete Hypothese formulieren, daß bei weiträumig verteilten Wind- und Photovoltaikanlagen die verbleibenden Restfluktuationen im Sub-Stundenbereich in den Netzen durch die Sekundärregelung der übrigen Kraftwerke ausgeregelt werden kann.

Wie bereits aus Bild 4.3a zu erkennen, ist im Mittelfristbereich der zu erwartende Ausgleichseffekt durch die räumliche Verteilung von Konvertern geringer. Die Aussage gilt auch, wenn man zu noch größeren Entfernungen in der Bundesrepublik übergeht. Bild 4.4 zeigt ein Streudiagramm der normierten Ausgangsleistungen zweier Photovoltaikkonverter an den Standorten Freiburg und Norderney. Jeder Punkt charakterisiert eine Stundensituation; die Umrechnung der

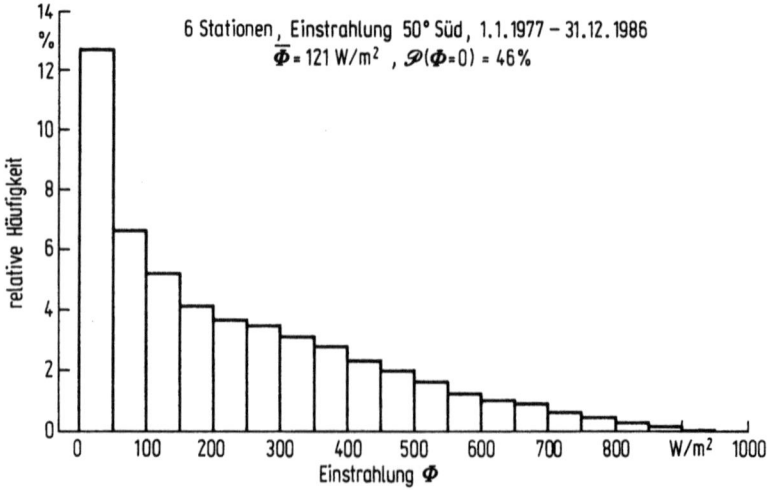

Bild 4.5. Häufigkeitsverteilung von Stundenmittelwerten der Einstrahlung auf eine um 50° nach Süd geneigte Fläche. Ausgewertet wurden die zeitlich synchronen Mittelwerte von 6 über die Bundesrepublik verteilten Stationen. Die niedrigste Strahlungsklasse in der Darstellung umfaßt den Bereich von 1 bis 50 W/m². Strahlungsmittelwerte unter 1 W/m² traten in 46% der Zeit auf. Die höchsten noch nennenswert häufig beobachteten Stundenmittelwerte liegen in der Klasse von 900 bis 950 W/m². Dies ergibt einen Quotienten von maximaler stündlicher Ausgangsleistung großflächiger Photovoltaikkonversion zum jährlichen Mittelwert von ca. 8 : 1. Ausgangsdaten: Deutscher Wetterdienst

4 Einspeisung fluktuierender Energie

Strahlungsdaten von horizontaler auf geneigte Fläche erfolgte nach [55]. Die merkliche Häufung von Ereignissen entlang der Hauptdiagonale weist auf eine starke Korrelation hin.

Aufgrund dieser Tatsache werden auch bei weiträumig auf dem Gebiet der Bundesrepublik verteilten Energiewandlern mittelfristige und saisonale Schwankungen in beträchtlichem Umfang bestehen bleiben. Quantitativ können diese Variationen durch die Häufigkeitsverteilung des Strahlungsangebots charakterisiert werden.

Bild 4.5 gibt die Verteilung von Stundenmittelwerten der Solarstrahlung (zeitlich synchrone Mittelwerte von sechs über die Bundesrepublik verteilten Stationen; Neigung 50°) wieder. Die höchsten noch nennenswert häufig auftretenden Stundenmittelwerte betragen 950 W/m². Bezogen auf einen jährlichen Mittelwert von 120 W/m² beträgt die Dynamik der Ausgangsleistung von Solarwandlersystemen, gemessen als Stundenmittelwerte, demnach 8:1. Bei Windenergiewandlung liegt diese Dynamik wegen der nichtlinearen Kennlinie von Windanlagen bei etwa 4:1.

Bei diesen mittelfristigen bis saisonalen Variationen des Solar- und Windenergieangebots tritt in den entsprechenden Zeitbereichen – bei

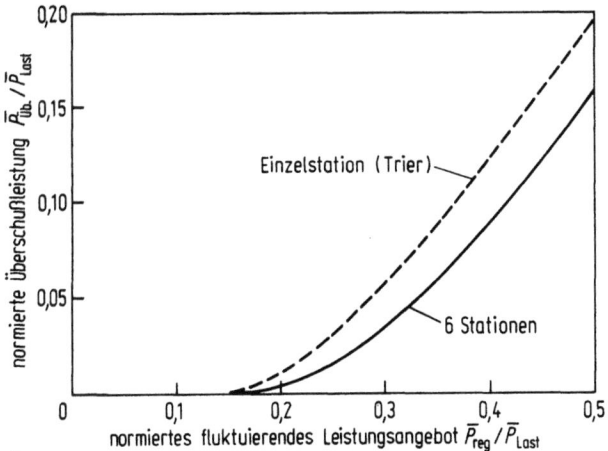

$\bar{P}$ = mittlere jährliche Leistung (entspricht Energieumsatz pro Jahr)

Bild 4.6. Mittlere jährliche Überschußleistung großflächiger photovoltaischer Energiekonversion in der Bundesrepublik (durchgezogene Kurve) in Abhängigkeit von der Durchdringung des Netzes mit fluktuierender Energie aus Solarquellen. Beide Leistungen sind auf den mittleren jährlichen Verbrauch normiert. Als Lastgang (Verbrauch) wurde das Zeitmuster des VDEW-Netzes 1982 verwendet. 100%ige Schaltfähigkeit der konventionellen Energieerzeuger im Stundenbereich wurde bei den Rechnungen vorausgesetzt

hoher Durchdringung[1] der Netze mit Elektrizität aus fluktuierenden Quellen – ein anderer Problemkreis auf: Die mittelfristige Energieproduktion aus regenerativen Quellen kann selbst bei maximaler Reduktion der Leistung der konventionellen Kraftwerke höher sein als die entsprechende Nachfrage. Sofern keine Speichersysteme in das Netz integriert sind, tritt daher Überschußenergie auf, die für die Energieversorgung ohne Nutzen ist.

Der quantitative Anstieg der Überschußproduktion mit zunehmender Durchdringung der Netze mit fluktuierenden Energieströmen hängt – wie bereits oben besprochen – bei räumlich verteilten Stationen von der mittelfristigen Korrelation des Wettergeschehens an den unterschiedlichen Standorten ab. Bild 4.6 zeigt eine entsprechende Auswertung anhand langjähriger Solarstrahlungsmessungen (Stundenmittelwerte des Deutschen Wetterdienstes[2]), wobei ein einfaches Knotenmodell des Verbundnetzes zugrundegelegt wurde (Bild 4.7). Als zeitlicher Lastverlauf werden Daten der VDEW [56] für das Verbundnetz der Bundesrepublik Deutschland verwendet. In Bild 4.6 ist für reine Photovoltaikeinspeisung die mittlere jährliche, von den Verbrauchern nicht aufnehmbare Jahresenergiemenge (bezogen auf die mittlere

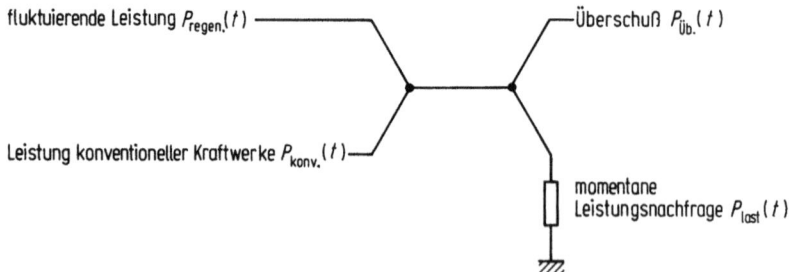

Bild 4.7. Schema des Simulationsalgorithmus, mit dem die Überschußproduktion bzw. die Eingangsleistung in Speichersysteme ermittelt wurden. Die Rechnungen wurden für Stundenmittelwerte durchgeführt

---

[1] Die Durchdringung D ist definiert als der Quotient aus dem jährlichen Mittelwert der in das Netz eingespeisten fluktuierenden Energie $\bar{P}_{reg}$ und dem jährlichen Mittelwert der Last $\bar{P}_{Last}$ dieses Netzes ($\bar{P}_{Last}$ = Jahresenergieverbrauch/8760 h).

[2] Ausgewertet wurden Messungen der Stationen Norderney, Hamburg, Gelsenkirchen, Trier, Freiburg und Weihenstephan. Diese Standorte werden als Zentren großflächiger Systeme solarer Energiekonverter angenommen (Hypothese: Stundenmittelwerte der Strahlung charakterisieren das zeitliche Verhalten dieser vernetzten Systeme bezüglich der Überschußproduktion hinreichend gut).

4 Einspeisung fluktuierender Energie   69

jährliche Last) in Abhängigkeit von der Durchdringung des Netzes mit fluktuierender Energie aufgetragen.

Im Gegensatz zum Kurzzeitbereich wirkt sich die Verkopplung vieler Stationen nicht mehr drastisch aus. Quantitativ ergibt sich – bei der konservativen Annahme von nur sechs großen Photovoltaikeinspeisungssystemen – eine Überschußproduktion von 16% bei etwa 50%iger Durchdringung der Netze (16% bezogen auf die mittlere Last $\bar{P}_{Last}$ entsprechen bei D = 0,5 32% bezogen auf die mittlere fluktuierende Energieproduktion $\bar{P}_{reg}$). Der Einsatz der Überschußproduktion bei einer Durchdringung von etwa 15% läßt sich grob durch die 8:1-Dynamik im Solarangebot (s. Bild 4.5) erklären. Derartige hohe Überschüsse müßten selbstverständlich durch Speichersysteme abgefangen werden.

Bild 4.8 gibt die Information von Bild 4.6 saisonal aufgelöst wieder. Wie zu erwarten, ist die Überschußproduktion bei photovoltaischer Energieumwandlung hauptsächlich auf die strahlungsreichen Monate verteilt. Merkliche Überschußproduktion, die eventuell ein Speichersystem notwendig macht, tritt aber auch in den Sommermonaten – die oben gemachten Annahmen über das mögliche Abschalten der konventionellen Kraftwerke vorausgesetzt – erst ab D = 0,2 auf.

Die Situation bezüglich der Überschußproduktion kann noch verbessert werden, wenn keine reinen Solarsysteme, sondern Solar-

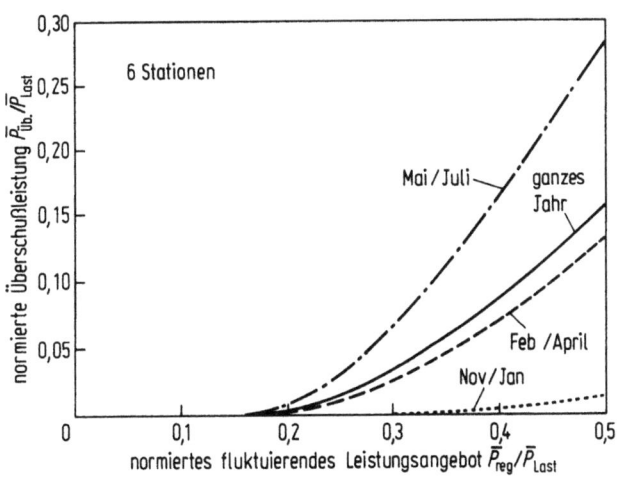

Bild 4.8. Jahreszeitlich aufgelöste Überschußproduktion in Abhängigkeit von der Durchdringung des Netzes mit fluktuierenden Energieflüssen (Daten wie Abb. 4.6)

70 4 Einspeisung fluktuierender Energie

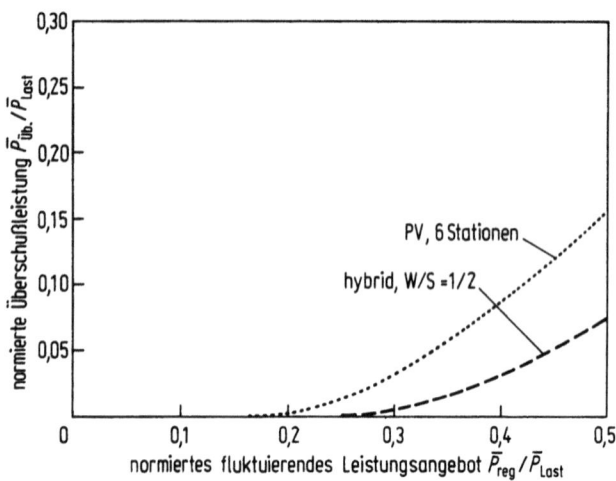

Bild 4.9. Mittlere jährliche Überschußproduktion in Solar-/Wind-Hybridsystemen. Die gestrichelte Kurve bezieht sich auf ein System, bei dem ⅓ der mittleren jährlichen fluktuierenden Erzeugung aus Windenergiequellen stammt. Die punktierte Kurve entspricht der durchgezogenen Kurve in Abb. 4.6 (Verbrauchszeitreihe VDEW, 1982)

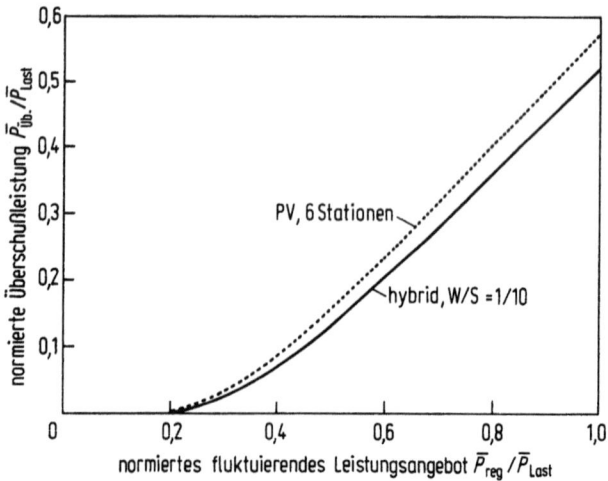

Bild 4.10. Mittlere jährliche Überschußproduktion in einem Solar-/Wind-Hybridsystem, bei dem ¹⁄₁₁ der jährlichen fluktuierenden Energie über Windenergiekonversion bereitgestellt wird. Dieses Verhältnis von Solar- zu Windenergienutzung könnte der Situation in der Bundesrepublik bei umfassender Nutzung regenerativer Energiequellen entsprechen. Abb. 4.9 hingegen wäre für die Aufbauphase einer solchen Energiewirtschaft charakteristisch

4 Einspeisung fluktuierender Energie 71

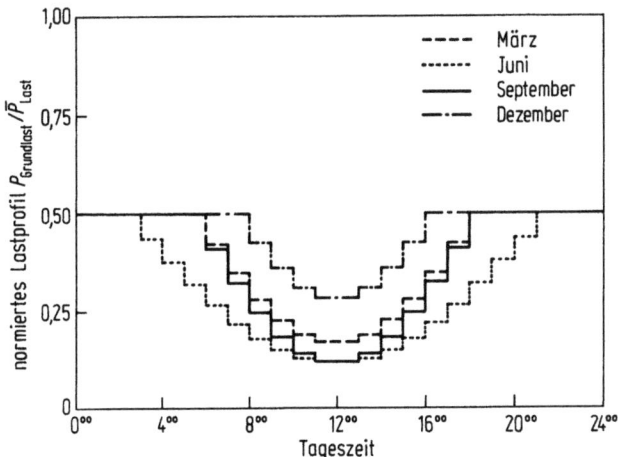

Bild 4.11. Beispiel für eine monatlich fest programmierte Basiserzeugung aus regelbaren Energiequellen (z. B. konventionelle Kraftwerke). Der zeitliche Verlauf der Basiserzeugung ist in etwa komplementär zum mittleren monatlichen Tagesgang der Solarstrahlung angenommen

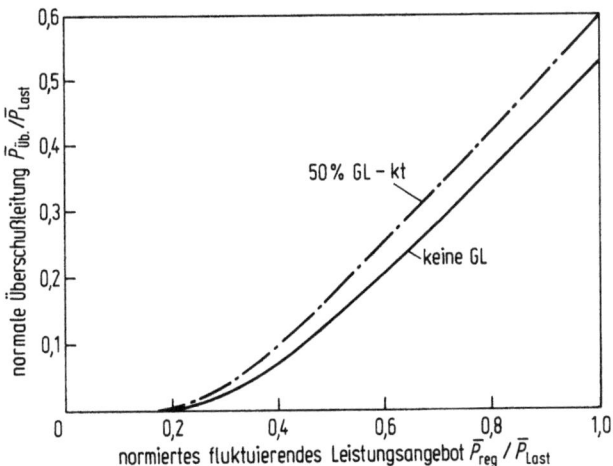

Bild 4.12. Mittlere jährliche normierte Überschußproduktion bei Einsatz eines Kraftwerkparks, dessen regelbare Grunderzeugung entsprechend Abb. 4.10 monatlich fixiert vorgegeben ist (obere Kurve). Zum Vergleich gibt die untere Kurve die Situation bei angenommener 100%iger Schaltbarkeit der konventionellen Kraftwerke im Stundenbereich wieder (Verbrauchszeitreihe VDEW, 1982). Hybridsystem entsprechend Bild 4.10

/Wind-Hybridsysteme betrachtet werden (konkret für die Bundesrepublik Deutschland ist dies auch die realistischere Annahme). Die Gründe hierfür sind die weitgehende Unkorreliertheit zwischen Solar- und Windenergieflüssen, die geringere saisonale und tageszeitliche Variation im Windenergieangebot und die geringere Mittelfristdynamik in den Stundenmittelwerten der Ausgangsleistung von Windenergiekonvertern von 4:1 (Solar 8:1).

Die Bilder 4.9 und 4.10 zeigen entsprechende Rechenergebnisse für Solar-/Wind-/Hybridsysteme[1]. Bild 4.9 (33% der jährlichen regenerativen Energieproduktion aus Windenergie) ist allerdings für die Bundesrepublik nur im Bereich kleiner Durchdringung sinnvoll auswertbar, da sich wesentlich umfangreichere Windenergiesysteme auf diesem räumlichen Gebiet nur schwerlich installieren lassen dürften. Wegen der ökonomisch günstigeren Situation der Windenergie verglichen mit photovoltaischer Energiekonversion wird Bild 4.9 für die Aufbauphase einer dezidierten Nutzung regenerative Energiequellen charakteristisch sein. Insbesondere ist wichtig, daß in solchen Hybridsystemen Überschuß erst ab Netzdurchdringungen von über 20% auftritt. Bild 4.10 geht von einer relativ geringeren Nutzung der Windenergie aus (9% des jährlichen Energieertrags aus regenerativen Quellen) und ist entsprechend insbesondere auch für größere Durchdringungen aussagekräftig.

Die bei diesen Rechnungen angenommene völlige Abschaltbarkeit aller konventioneller Energielieferanten ist vermutlich technisch nicht optimal. Sinnvoller dürfte es sein, eine Sockelleistung entsprechend dem mittleren klimatisch zu erwartenden Tagesgang bereitzustellen und über diesem die übrigen Regelmaßnahmen zu realisieren.

Bild 4.11 gibt ein Beispiel für eine monatlich fixierte Grunderzeugung aus konventionellen Kraftwerken. Die Nachtgrundlastwerte betragen 50% der jährlichen mittleren Last, die minimalen Grundlastwerte im Sommer zur Mittagszeit 10%. Der Tagesgang entspricht dem Verlauf der mittleren monatlichen extraterrestrischen Einstrahlung, die Transmission der Atmosphäre wird durch den mittleren monatlichen „clearness index" K_t modelliert. Mit einer derartigen geregelten Grunderzeugung aus konventionellen Kraftwerken ergäben sich Überschußproduktionen entsprechend Bild 4.12. Es zeigt sich, daß diese bei einem solchen Modell verglichen mit der Variante der vollen Abschaltbarkeit konventioneller Kraftwerke nicht drastisch ansteigt.

---

[1] Ausgewertet wurden zusätzlich zu den 6 Standorten von Photovoltaikkonversionssystemen (s. o.) die 5 Windenergiestandorte Norderney, Bremerhaven, Nordholz, Hamburg, Westermarkelsdorf als hypothetische Zentren von Windkonversionssystemen (Datenreihen des Deutschen Wetterdienstes).

5 Speichersysteme für elektrische Energie und Wasserstoff als Energieträger

5.1 Speichersysteme für elektrische Energie aus Solar- und Windenergiequellen

Wie in Kap. 4 gezeigt, treten bis zu einer Durchdringung der Elektrizitätsnetze mit fluktuierender Energie von etwa 20% prinzipiell keine nennenswerten Überschüsse auf, wenn man davon ausgeht, daß bis auf Heizkraftwerke alle konventionellen Anlagen im Rahmen der Tertiärregelung auf eine Ausgangsleistung von praktisch Null heruntergefahren werden können. Bei noch stärkerer anteiliger Elektrizitätserzeugung aus Solar- und Windenergiequellen tritt in unserem Modell, insbesondere bei Annahme des heutigen Lastgangs der Netze, beträchlichter Überschuß auf. Diesem kann mit zwei Methoden begegnet werden:

— Anpassung der Last an die variierende Erzeugung durch Schalten oder Regeln von Lasten (unterstützt z. B. durch entsprechende Tarifstrukturen) oder durch den Einsatz von Energiespeichern direkt in Energieverbrauchern (etwa hochisolierte Kühlschränke mit integrierten Kältespeichern),

— Ergänzung der Netze um zentrale Speichersysteme.

Im folgenden werden im Hinblick auf die in Kap. 7 diskutierten Szenarien nur zentrale Speichersysteme diskutiert; dies insbesondere auch deshalb, um die gemachten Annahmen bezüglich einer zukünftigen Energieversorgungsstruktur im konservativen Bereich zu halten.

Speicherbedarf fällt vom zeitlichen Mittelfristbereich (Tag/Nacht-Zyklus) bis in den Langzeitbereich an. An zugehörigen Technologien wird eine ganze Reihe von Methoden – von der bewährten Bleibatterie bis hin zu möglichen Supraleitungsspeichern – diskutiert. In den Rechnungen zu unseren Szenarien haben wir neben Pumpspeicherkraftwerken ausschließlich Wasserstoffsysteme [4] bestehend aus Elektrolyseur-Gasspeicher-Brennstoffzellenkraftwerk als Technik zugrundegelegt. Dies ist bezüglich des Wirkungsgrades des Gesamtspeichersystems eine sehr zurückhaltende Annahme, da z. B. zum möglicherweise notwendigen Ausgleich des Tag-/Nachtrhythmus wegen des um etwa einen Faktor 2 höheren Wirkungsgrades vermutlich auch elektrochemische Batterien eingesetzt werden könnten.

Für die in den Szenarien verwendeten Speichersysteme gelten die in Tab. 5.1 wiedergegebenen Annahmen. Von den vielen technisch möglichen Varianten (s. z. B. [57, 58]) wurde in unseren Modellüberlegungen von einer alkalischen Elektrolyse, Gasdruckspeichern und phosphorsauren Brennstoffzellen ausgegangen. Letztere haben insbesondere den Vorteil, daß sie bei etwa 200 °C arbeiten. Eine Auskopplung der Abwärme bei diesem Temperaturniveau ist technisch leicht realisierbar (zukünftige oxidkeramische Brennstoffzellen werden eine Arbeitstemperatur von 800 bis 1000 °C haben – dies macht sowohl die Auskopplung hochwertiger Prozeßwärme als auch die Kaskadierung mit Wärmekraftwerken möglich).

Der in Tab. 5.1 angegebene Gesamtwirkungsgradwert für elektrische Energiespeicherung über Wasserstoff von 40% ist relativ gering. In realen Energieversorgungssystemen sollte demnach versucht werden, möglichst wenig Energie durch diesen Speicherzyklus fließen zu lassen.

Die Problematik des Energieüberschusses aufgrund der Fehlanpassung zwischen Erzeugung und Last tritt sowohl bei der Nutzung von Wind- und Solarenergiequellen in der Bundesrepublik als auch beim direkten Import von Solarstrom aus sonnenreichen Gegenden (s.

Tabelle 5.1. Kenngrößen der betrachteten Energiespeichersysteme für den mittleren bis saisonalen Zeitbereich.

Technologie	Kapazität	Mittlere Speicherwirkungsgrade $\left(\dfrac{\text{Strom } nach \text{ Speicherung}}{\text{Strom } vor \text{ Speicherung}}\right)$
Pumpspeicherkraftwerk	7 TWh/a	70%
Wasserstoffspeichersystem	praktisch unbegrenzt	
— Stromspeicherung		40%[a] (72% Elektrolyse, Kompression 55% Brennstoffzellensystem)
— Abwärmenutzung		Anteil nutzbare Wärme: 30%

[a] Wirkungsgrade bezogen auf den unteren Heizwert $H_u = 3 \text{ kWh/m}_N^3$

Abschn. 3.9) auf. Die stärksten Fluktuationen und damit der größte Energiefluß über Speichersysteme in der Bundesrepublik tritt beim Import (Hochspannungsgleichstromübertragung) von Strom aus räumlich zusammenhängenden Photovoltaikkraftwerken in südlichen Gegenden auf. Zu einer beträchtlichen Vergleichsmäßigung des Angebotes käme es, wenn Systeme von Photovoltaikkraftwerken eingesetzt würden, die geographisch über mehrere Längengrade verteilt wären. Günstig bezüglich des Fluktuationsverhaltens sind vor allem auch Solarkraftwerke, die Elektrizität über einen thermischen Prozeß erzeugen (Solarturm-, Solarfarm-Kraftwerke). Bei dieser Technik können thermische Speicher mit einer Kapazität bis in den Halbtagesbereich hinein verwendet werden, welche das Elektrizitätsangebot glätten und definierte Stromabgabeprofile bis in die Nachtstunden ermöglichen.

Der Import von aus Solarenergie gewonnenem Wasserstoff und dessen teilweiser Konversion in elektrische Energie in der Bundesrepublik stellt im Zusammenhang mit der Überschußproduktionsproblematik offensichtlich die günstigere Alternative dar, da er Bedarf und Angebot völlig entkoppelt. Aus diesem Grund und wegen der Übersichtlichkeit wird in den unten diskutierten Szenarien ausschließlich diese Variante des Energieimports diskutiert. Bei bloßer Rückverstromung des importierten Wasserstoffs addieren sich jedoch die einzelnen Wandlungsverluste zu beträchtlichen Energieeinbußen. Bei der Weiterentwicklung der solaren Energieinfrastrukturen in Richtung größerer Anteil Wasserstoff muß deshalb auf eine Minimierung der Rückverstromung bei gleichzeitig möglichst umfassender Nutzung der Abwärme geachtet werden.

Der Import von Wasserstoff hätte auch den Vorteil, daß über seine Verstromung durch Brennstoffzellen- oder Verbrennungskraftwerke eine sehr gut regelbare Elektrizitätsquelle zum Ausgleich der Restfluktuationen der regenerativen Energieeinspeisung zur Verfügung stünde.

5.2 Wasserstoff als Endenergieträger

Für die Erzeugung elektrischer Energie aus importiertem Wasserstoff werden in den Szenarien die gleichen Technologien wie für die Rückverstromung von Wasserstoff aus dem Speichersystem (und teilweise die gleichen Anlagen) verwendet. Die für das Jahr 2020 angenommenen Wirkungsgrade können aus Tab. 5.2 abgelesen werden. Diese Tabelle enthält auch einen angenommenen Konversionswirkungsgrad für die Verwendung von Wasserstoff auf dem Wärmemarkt. Bei dem angegebenen mittleren Wirkungsgrad von 100% (bezogen auf den

Tabelle 5.2. Kenngrößen der Erzeugung von Elektrizität und Wärme aus Wasserstoff.

Technologie	Mittlerer Wandlungswirkungsgrad [a]	
— Stromerzeugung	Brennstoffzellensystem:	55%
— Abwärmenutzung	Anteil nutzbare Wärme:	30%
— Direkte Nutzwärmeerzeugung	Katalytische Heizer, Brennwertkessel, Gaswärmepumpen:	100%
— Einsatz als Treibstoff	(LH2/GH2 Verflüssigungsverluste):	70%

[a] Wirkungsgrade bezogen auf den unteren Heizwert $H_u = 3\,kWh/m_N^3$

unteren Heizwert $H_u = 3\,kWh/m_N^3$, was einem Wirkungsgrad von 85% bezogen auf den oberen Heizwert entspricht) wird von katalytischen Heiz- und Brennersystemen, Brennwertkesseln und der teilweisen Verwendung von Gaswärmepumpen ausgegangen.

Bei der Rückverstromung von Wasserstoff (Brennstoffzellenkraftwerke; auch herkömmliche Heizkraftwerke und Blockheizkraftwerke sind einsetzbar, allerdings bei geringerem Wirkungsgrad) entsteht Abwärme, die aus Effizienzgründen genutzt werden sollte. Es wird von einem Wärmenutzungsgrad von 30% ausgegangen, so daß der energetische Gesamtnutzungsgrad der gekoppelten Wasserstoffumsetzung bei 85% liegt.

Der Verwertung der Abwärme dürften jedoch aus strukturellen Gründen und mangels Bedarfs (vgl. Abschn. 3.8) Grenzen gesetzt sein. Sie wird deshalb in den Szenarien restriktiv gehandhabt. Es wird angenommen, daß lediglich 25% der anfallenden Abwärme verwertbar sind, was sich im Sinne einer möglichst effizienten Energieumsetzung natürlich nachteilig auswirkt.

Mit sinkendem Energieverbrauch (vgl. die Szenarien III mit reduziertem Stromeinsatz im Niedertemperaturwärmebereich) steigt einerseits die Nachfrage nach anderen Niedertemperaturwärmelieferanten, zum anderen sinkt die zu verwertende Abwärmemenge, so daß sich im ganzen ein günstigeres Einsatzfeld sowohl für solare Wärme als auch für Abwärme aus der Wasserstoffverstromung auftut.

6 Kurz- und mittelfristige Ausbaumöglichkeiten erneuerbarer Energiequellen

6.1 Der Zeitraum bis 2000

Das Primärenergieäquivalent der gegenwärtig genutzten erneuerbaren Energiequellen beträgt rund 10 Mio t SKE/a. Sie trugen damit 1987 mit 2,5% zur Primärenergiebedarfsdeckung der Bundesrepublik bei. Neuzeitliche Solarnutzungstechniken – Windenergiewandler, thermische Kollektoren und Kraftwerke, Biogasanlagen, Wärmepumpen und Photovoltaikanlagen – beginnen gerade Fuß zu fassen und decken noch keine nennenswerten Anteile des Energiebedarfs. In der Bundesrepublik Deutschland beträgt ihr Beitrag derzeit gerade 0,1% des Primärenergieverbrauchs.

In Anlehnung an [25] und [38] kann davon ausgegangen werden, daß unter optimistischen Bedingungen, d. h. bei zielstrebiger Unterstützung der Markteinführung der Einzeltechniken bis zur Jahrhundertwende, der Betrag von 10 Mio t SKE/a bestenfalls verdoppelt werden kann. Dies bedeutet, daß vom insgesamt möglichen Zuwachs allein der lokal nutzbaren erneuerbaren Energiequellen von 310 TWh/a Endenergie (Tab 3.13) bzw. 61 Mio t SKE/a Primärenergie bis 2000 etwa 15% ausgeschöpft werden könnten. Der Ausschöpfungsgrad des Potentials bis 2000 ist für die Einzeltechnologien unterschiedlich hoch; bei Wasserkraft wird er zu rund 60% angenommen, die Photovoltaik könnte gerade zu 1% des Potentials genutzt werden, Biomasse, solarthermische Kollektoren und Windenergieanlagen können Ausschöpfungsgrade zwischen 10 und 20% erreichen (vgl. Bild 3.2).

Für das Jahr 2000 wird von einem maximal erreichbaren Beitrag erneuerbarer Energiequellen von 20 Mio t SKE/a Primärenergieäquivalent ausgegangen. Dieser Wert entspräche einem Deckungsanteil von 6,4% (Szenario 2000, I) bzw. von 7,5% (2000, II) und 7,9% (2000, III). Er liegt zwischen den beiden Ausschöpfungsvarianten der Untersuchung [38] und um 5 Mio t SKE/a unter der Abschätzung in [52]. Er kann in dem verbleibenden Jahrzehnt bis 2000 angesichts stagnierenden Energieverbrauchs, gegenwärtig niedriger Energiepreise und von Überkapazitäten in der Elektrizitätswirtschaft aus heutiger Sicht nur unter größten gemeinsamen Anstrengungen von Energiewirtschaft, Energiepolitik und interessierten Kommunen und Bürgern erreicht werden.

Dieser Beitrag ist energiewirtschaftlich, auch im Vergleich zu den Möglichkeiten rationeller Energienutzung, nicht allzu bedeutsam. Andererseits ist dieser Einstieg in die „Vermarktung" von regenerativen Energietechnologien entscheidend für ihre Weiterentwicklung, damit über Kostendegressionen und Erfahrungsgewinne beim Betrieb überhaupt die Basis für die weitere, möglichst vollständige Ausschöpfung der ermittelten Potentiale geschaffen werden kann.

6.2 Der Zeitraum von 2000 bis etwa 2020

Geht man von einer bis zur Jahrhundertwende erfolgreich angestoßenen Entwicklungsdynamik aus, so könnte danach der Aufbau von Solartechnologien im Zuge von Neu- und Ersatzinvestitionen mit kräftigen Wachstumsraten einsetzen (vgl. auch Kap. 11). Wesentliche Voraussetzung dafür ist, daß vorhandene Hemmnisse wirtschaftlicher, struktureller und energiepolitischer Art durch entsprechende Maßnahmen – zeitweilige Förderung der Markteinführung, Energiesteuern, Änderung des Energiewirtschaftsgesetzes, günstigere Tarife und Einspeisebedingungen – gemildert oder beseitigt werden.

Zunächst würden die als „lokal" bezeichneten Potentiale erneuerbarer Energiequellen erschlossen, da sie sich im wesentlichen in die heutige Siedlungsstruktur und die vorgegebenen Energieversorgungsstrukturen einfügen, sie nutzen und jeweils passend „vor Ort" die Nachfrage nach anderen Energieträgern reduzieren. Erst wenn sich diese Technologien in einem gewissen Ausmaß erfolgreich etabliert haben, wird man auch die großflächige Nutzung erneuerbarer Energiequellen in Betracht ziehen. Diese „lokale" Nutzung würde der jetzigen Energieversorgungsstruktur bedeutende dezentrale Elemente hinzufügen (vgl. Tab. 3.14) und die Rolle der Kommunen bei der Gestaltung der zukünftigen Energieversorgung beträchtlich aufwerten.

Im Zusammenhang mit der Klimaproblematik ist es von besonderer Bedeutung, ob mittels rationeller Energienutzung und rasch mobilisierbarer Potentiale erneuerbarer Energiequellen der Einsatz fossiler Energien in absehbarer Zeit zurückgedrängt werden kann. Nimmt man aus Gründen der Übersicht zunächst an, daß neben verstärkter rationeller Energienutzung bis um das Jahr 2020 ein Beitrag erneuerbarer Energiequellen in der Höhe des ermittelten lokalen Potentials (Primärenergieäquivalent: 71 Mio t SKE/a) erschlossen werden könnte,

6.2 Der Zeitraum von 2000 bis etwa 2020

Tabelle 6.1. Vergleich der Reduktionsmöglichkeiten fossiler Primärenergie bis zum Jahre 2020 bei ausschließlich rationeller Energienutzung und sonst unveränderter Energieversorgungsstruktur, bei zusätzlicher Erschließung *lokaler* Potentiale erneuerbarer Energiequellen sowie bei Verzicht auf die Kernenergie (in Mio t SKE/a und % von 1988).

	Primärenergieverbrauch bei rationeller Energienutzung		Einsatz *fossiler* Energie rat. Energienutzung Kernenergie 1988ᵃ erneuerbare EQ 1987		Zusätzlich *lokale* Potentiale erneuerbarer Energiequellenᵇ		rat. Energienutzung; lokale Potentiale erneuerbarer Energien; *ohne* Kernenergie	
1988	390	(100)	333	(100)	333	(100)	333	(100)
2000 I	360	(92)	304	(91)	293	(88)	340	(102)
2000 II	345	(89)	289	(87)	278	(84)	325	(98)
2020 I	313	(80)	257	(77)	195	(59)	242	(73)
2020 II	267	(69)	211	(63)	149	(45)	196	(59)
2020 III	252	(65)	196	(59)	134	(40)	181	(54)

ᵃ Primärenergieäquivalent 1988 = 47 Mio t SKE/a
ᵇ Primärenergieäquivalent = 10 Mio t SKE/a in 1987; 20 Mio t SKE/a in 2000; 71 Mio t SKE/a in 2020

so ergeben sich die in Tab. 6.1 ermittelten Reduktionsmöglichkeiten fossiler Energieträger. Unter Beibehaltung der gegenwärtigen Beiträge der Kernenergie (1988: 47 Mio t SKE/a Primärenergie) und der erneuerbaren Energiequellen kann allein durch verstärkte rationelle Energienutzung bis zum Jahr 2000 ein Rückgang um 9 bis 13% gegenüber dem heutigen Einsatz an fossiler Energie (Szenarien I und II) und etwa bis zum Jahr 2020 um 23 bis 41% (Szenarien I bis III) erfolgen. Bei paralleler Erschließung erneuerbarer Energiequellen kann der Rückgang fossiler Energien beschleunigt werden auf 12 bis 16% bis 2000 und auf 41 bis 60% bis etwa 2020. Eine Verschiebung der Anteile fossiler Energien untereinander, etwa von Kohle auf Erdgas aufgrund seiner geringeren energiespezifischen CO_2-Emission, ist dabei nicht berücksichtigt. Gelingt die Mobilisierung rationeller Energienutzung *und* erneuerbarer Energiequellen in dem oben genannten Umfang, so ließe sich auch bei einem Verzicht auf Kernenergie nach 2000 eine Abnahme fossiler Energie erreichen, und zwar um 27 bis maximal 46% bis etwa 2020 (Szenario I bis III).

# 7 Langfristige Nutzungsmöglichkeiten erneuerbarer Energiequellen bei starker Reduktion fossiler Energieträger und Verzicht auf Kernenergie (Zeitraum bis etwa 2050)

Nach den derzeitigen Erkenntnissen der Klimaforschung muß davon ausgegangen werden, daß der Einsatz fossiler Energieträger langfristig gegenüber dem in Tab. 6.1 diskutierten Niveau noch deutlich verringert werden muß, um die zu erwartende Klimaveränderungen auf ein erträgliches Maß zu begrenzen. Als Richtwert wird die Reduzierung des CO_2-Ausstoßes der Industrieländer auf etwa ein Drittel des heutigen Wertes – bei entsprechender Verringerung der anderen klimawirksamen Spurengase – diskutiert [2]. Auf die Bundesrepublik Deutschland bezogen wäre somit längerfristig von einem Umsatz von etwa 112 Mio t SKE/a (912 TWh/a) an fossilen Ressourcen (ohne nichtenergetischen Verbrauch) auszugehen. Die Klimakonferenz von Toronto im Juni 1988 hat weltweit eine 50%ige Reduktion des CO_2-Ausstoßes bis zur Mitte des nächsten Jahrhunderts empfohlen. Dies wird leichter erreichbar, wenn — wie oben angenommen — die Industrieländer einen überproportionalen Beitrag liefern.

Wird gleichzeitig der Verzicht auf die Nutzung der Kernenergie angestrebt, so reichen bei den hier getroffenen Annahmen die ermittelten Potentiale rationeller Energienutzung und der *lokalen* Sonnenenergienutzung nicht aus, um dieses Ziel zu erreichen, die *großflächige* Nutzung der Solarenergie muß hinzutreten. Im folgenden werden einige Energiebereitstellungsszenarien diskutiert, die auf der Basis der „C/3-Hypothese", des für das Jahr 2020 ermittelten und für die Zeit danach als konstant betrachteten Endenergieverbrauchs, der umfangreichen Nutzung erneuerbarer Energiequellen und ohne Nutzung der Kernenergie die zukünftige Energieversorgung der Bundesrepublik Deutschland sicherstellen können. Diese Szenarien sind exemplarisch herausgegriffene Fälle, bei denen sowohl das Endenergieträgersplitting (Elektrizität im Verhältnis zu Brenn- und Treibstoffen, Szenarien II und III) variiert und das Gewicht zwischen lokaler und großflächiger Nutzung erneuerbarer Energiequellen stetig verschoben wird, als auch der Einsatz der großflächigen Solarenergienutzung selbst mit variablen Anteilen im Elektrizitäts- und Brenn- und Treibstoffbereich erfolgt. Die

7 Nutzungsmöglichkeiten erneuerbarer Energiequellen

Tabelle 7.1 Verschiedene Möglichkeiten einer solar-fossilen Energieversorgung nach dem Jahr 2020 (Szenarien III,1 bis I,1). Dargestellt sind die einzelnen Bereitstellungsarten der Endenergie nach den Sparten Elektrizität, Brennstoffe und Fernwärme sowie Treibstoffe (in TWh/a). Die kursiv gedruckten Zahlen stellen jeweils die Summe der darunterstehenden zugehörigen Werte dar.

Szenarien	1987	2000 II	III,1	III,2	III,3	II,1	I,1
A Elektrizität	*353*	*358*	*289*	*289*	*289*	*360*	*350*
Foss. Kond.-Kraftwerke	211	206	69	31	62	61	54
Fossile Heizkraftwerke	10	13	25	25	25	25	25
Kernkraftwerke	112	106	—	—	—	—	—
Erneuerbare Energien							
— *nicht fluktuierende lokale*							
Quellen (Wasser, Biomasse)	*20*	*30*	*44*	*44*	*22*	*44*	*44*
— fluktuierende Quellen							
(Photovoltaik, Wind)							
— — Direkteinspeisung	—	3	*150*	*105*	*96*	*105*	*129*
— — über Pumpspeicher	—	3	108	92	87	92	114
— — über H$_2$-Speicher	—	—	5	5	5	5	5
— Import. Solarwasserstoff	—	—	37	8	4	8	10
	—	—	—	84	84	125	87
B Brennstoffe, Fernwärme	*1188*	*1034*	*727*	*727*	*727*	*664*	*790*
Fossile Energieträger	1120	910	231	328	248	257	137
Fernwärme aus foss. Energie	51	64	140	140	140	140	140
Erneuerbare Energien	*17*	*60*	*356*	*259*	*339*	*267*	*513*
— Lokale Wärmeerzeugung	17	60	225	198	113	198	225
— Großflächige Nahwärme	—	—	124	48	61	51	61
— Abwärme aus H$_2$-Verstromung	—	—	7	13	13	18	14
— Wasserstoff	—	—	—	—	152	—	213
C Treibstoffe	*549*	*494*	*249*	*249*	*249*	*244*	*428*
Fossile Energieträger	549	494	249	249	249	244	350
Wasserstoff	—	—	—	—	—	—	78
D Gesamte Endenergie	*2090*	*1886*	*1265*	*1265*	*1265*	*1268*	*1568*
— davon erneuerbare Energien	37	93	550	492	541	541	773

7 Nutzungsmöglichkeiten erneuerbarer Energiequellen

Tabelle 7.2. Bedarf an Dach- und Landflächen für die solarthermischen und photovoltaischen Systeme der Szenarien III,1 bis I,1 sowie gesamter Umsatz an solarem Wasserstoff (in km^2 bzw. in TWh/a).

Szenarien	III,1	III,2	III,3	II,1	I,1
Lokale Nutzung auf Dächern, Fassaden					
— Kollektorfläche	329	247	165	247	329
— Zellenfläche	426	320	213	320	426
Großflächige Nutzung auf dem Erdboden					
— Inland					
— — Kollektorfläche	286	111	140	120	140
— — Zellenfläche	1000	500	500	500	530
— Ausland					
— — Zellenfläche	—	1000	2000	1500	3200
Sammlerflächen, insgesamt	2041	2178	3018	2687	4625
Landflächen, insgesamt[a]	2572	3222	5280	4240	7740
H$_2$-Umsatz, gesamt	67	166	311	242	502
— über Speicher	67	14	7	14	18
— direkter Einsatz	—	152	304	228	484

[a] Flächennutzungsfaktor f = 0,5 (vgl. Tab. 3.15);
zum Vergleich: Fläche der BRD: 248 694 km^2

Tabelle 7.3 Gesamter Primärenergieeinsatz für die Szenarien III,1 bis I,1 (in Mio t SKE/a).

Szenarien	1987	III,1	III,2	III,3	II,1	I,1
Fossile Energien						
— für energetische Zwecke	311	112	112	112	112	112
— für nichtenergetische Zwecke	25	25	25	25	25	25
Lokale Potentiale Erneuerbarer Energien[a]	10	71	59	36	59	71
Großflächige Sonnenenergienutzung						
— Inland[a]	—	62	29	31	29	31
— Ausland[b]	—	—	20	40	31	64
Gesamter Primärenergieeinsatz	388[c]	270	254	244	256	303

[a] Umrechnung auf Primärenergieäquivalent: 0,36 (Strom), 0,925 (Brenn-, Treibstoffe)
[b] Umrechnung auf Primärenergieäquivalent: 0,925 (Importierter Wasserstoff als Ersatz für Erdöl oder Erdgas)
[c] einschließlich 42 Mio t SKE/a Kernenergie

ausgewählten Energieszenarien erlauben es, die Notwendigkeit von Speichersystemen für fluktuierende solare Energie in den Fällen zu verdeutlichen, wo nicht auf den Import größerer Mengen bereits speicherbarer Energieträger (solarer Wasserstoff) zurückgegriffen wird.

Hauptsächlich beziehen sich die dargestellten Beispiele auf den Endenergieverbrauch des Szenarios III. Die entsprechende Energiebedarfsdeckung läßt sich im Prinzip über Bereitstellungstechnologien auf dem Boden der Bundesrepublik in Verbindung mit den verbleibenden fossilen Energieträgern verwirklichen. Mit abnehmenden Anstrengungen bei der rationellen Energieverwendung und bei der Optimierung der Energiebedarfsstruktur (Szenarien I und II) müßte in zunehmendem Maße auf den Import solar erzeugter Energieträger zurückgegriffen werden.

Der Zeitrahmen für die Verwirklichung der im folgenden beschriebenen oder ähnlichen Entwicklungslinien muß selbst bei großen Anstrengungen und günstigen Rahmenbedingungen in der Größenordnung mehrerer Jahrzehnte gesehen werden. Zunächst muß die in Kap. 6 erläuterte Entwicklung einsetzen, damit mittels rationeller Energienutzung überhaupt erst die Basis für eine solare Energieversorgung geschaffen werden und sich die Marktdynamik für solare Energietechnologien entfalten kann. Auf diese Weise ließen sich ausreichende Anreize für die stetige Weiterentwicklung und für den Aufbau kostengünstiger industrieller Fertigungsverfahren in größerem Maßstab schaffen.

Zeichnet sich eine derartige Entwicklung im ersten Jahrzehnt des nächsten Jahrhunderts ab, so scheint darauffolgend die Verwirklichung der beschriebenen Szenarien möglich. Bei anhaltenden und zielstrebigen energiepolitischen und ökonomischen Anstrengungen kann man sich ihre komplette Umsetzung bis zur Mitte des nächsten Jahrhunderts vorstellen. Die angegebenen Zahlenwerte (Tab. 7.1, 7.2, 7.3) stellen demnach einen Status dar, der bezüglich des Beitrags regenerativer Energiequellen und des solaren Wasserstoffs je nach Umsetzungsgeschwindigkeit zwischen den Jahren 2020 und 2050 anzusiedeln wäre.

7.1 Szenario III, 1: Umfassende Nutzung lokaler erneuerbarer Energiequellen

Das Szenario III, 1 schöpft die in Tab. 3.13 zusammengestellten Potentiale lokaler erneuerbarer Energiequellen in der Bundesrepublik voll aus; darüber hinaus werden zur vollständigen Deckung des

Endenergiebedarfs „großflächige Nutzungen" der Solarenergie notwendig (s. Tab. 3.15):
— Photovoltaikanlagen mit einer Jahresenergieproduktion von 132 TWh/a, entsprechend $2 \cdot 10^9 \, m^2$ Landbedarf (also 0,8% der Fläche der Bundesrepublik),
— Flachkollektorfelder (einschließlich saisonaler Speicher) zur Versorgung von Nahwärmenetzen mit einer Jahresenergieproduktion von 124 TWh/a, entsprechend $0,6 \cdot 10^9 \, m^2$ Landbedarf.

Die Menge an elektrischer Energie, die in diesem Szenario über Photovoltaik- und Windenergiekonversion erzeugt wird, beträgt demnach

lokale Windenergieanlagen	20 TWh/a
lokale Photovoltaikanlagen auf Dächern	56 TWh/a
Photovoltaikanlagen auf dem Erdboden (ab etwa 1 MW Spitzenleistung)	132 TWh/a
insgesamt	208 TWh/a

Dies entspricht 72% der mittleren jährlichen elektrischen Last. Bei einer derartig hohen Durchdringung eines Verbundnetzes mit fluktuierender Energie tritt ein deutlicher Betrag an Überschußenergie auf (s. Kap. 4), die über Speichersysteme abgefangen werden muß. Der oberen Kurve in Bild 4.12 kann entnommen werden, daß dieser Überschuß etwa 35% der mittleren Last, also etwa 100 TWh/a beträgt.

Diese von den Abnehmern nicht direkt aufnehmbare Menge wird in dem Szenario III, 1 in einem Speichersystem umgesetzt:
— 7 TWh/a über Pumpspeicherwerke, woraus 5 TWh/a Elektrizität nutzbar sind;
— 93 TWh/a über ein Wasserstoffspeichersystem, woraus 37 TWh/a Elektrizität *und* 7 TWh/a Nutzwärme (Brennstoffäquivalent) nutzbar sind.

Die Gesamtbilanz der Elektrizität aus fluktuierenden erneuerbaren Quellen kann Tab. 7.1 entnommen werden.

Das Senario III, 1 – und alle weiteren hier diskutierten Szenarien – ist durch den umfangreichen Einsatz fossil betriebener Heizkraftwerke und Heizwerke charakterisiert; die hier zugehörigen Annahmen über den Fernwärmeausbau sind in Tab. 2.5 zusammengestellt. Die restliche Wärmeversorgung erfolgt über erneuerbare Energiequellen (49% des gesamten Wärmeenergiebedarfs) und über die direkte Nutzung fossiler Brennstoffe (32%; Tab. 7.1). In allen hier diskutierten Szenarien (bis auf I, 1) wird – u. a. der Übersichtlichkeit halber – der Treibstoffbedarf ausschließlich aus fossilen Quellen gedeckt. Prinzipiell ist aber eine Teilsubstitution über Biotreibstoffe (vgl. aber die ungünstigen Wirkungsgrade, Tab. 3.16) oder aber über solaren Wasserstoff möglich. Der Gesamtanteil erneuerbarer Energiequellen am Endenergieverbrauch beträgt 43% (Tab. 7.1). Die Energiebereitstellung erfolgt ausschließlich im Inland.

7.2 Szenario III, 2: Deutliche Nutzung lokaler erneuerbarer Energiequellen und Import von Solarwasserstoff zur Elektrizitätsbereitstellung

Dieses Szenario unterscheidet sich vom vorangehenden in folgenden Punkten:
— geringere Nutzung des lokalen Potentials an flukturierenden erneuerbaren Energien mit 75% des lokalen Photovoltaikpotentials und 50% des lokalen Windenergiepotentials, insgesamt also 52 TWh/a,
— Halbierung der Nutzung großmaßstäblicher Elektrizitätserzeugung über Photovoltaik, insgesamt also 66 TWh/a,
— Import von Solarwasserstoff im Umfang von 152 TWh/a;

auf dem Wärmesektor
— 88% der Nutzung der lokalen Solarwärme (s. Tab. 3.13), womit sich für die gesamte lokale Wärmeerzeugung aus erneuerbaren Energien ein Wert von 198 TWh/a ergibt,
— Reduktion der Nutzung großflächiger solarer Nahwärme um 60% entsprechend 48 TWh/a insgesamt.

Durch diese Maßnahmen ergibt sich ein Landbedarf für großmaßstäbliche Solarenergienutzung von

$1 \cdot 10^9 \, m^2$ Photovoltaik in der Bundesrepublik,
$2 \cdot 10^9 \, m^2$ Photovoltaik/Wasserstoff im Exportland,
$0,2 \cdot 10^9 \, m^2$ Flachkollektoren in der Bundesrepublik.

Neben der Reduzierung des Landbedarfs für die großmaßstäbliche Solarenergienutzung in der Bundesrepublik (vgl. Tab. 7.2) ist dieses Szenario durch eine geringere Einspeisung fluktuierender Energie in das elektrische Verbundnetz charakterisiert. Es ergeben sich

Windenergieanlagen	10 TWh/a
lokale Photovoltaikanlagen auf Dächern	42 TWh/a
Photovoltaikanlagen auf dem Erdboden	66 TWh/a
insgesamt	118 TWh/a

Die Durchdringung des Verbundnetzes mit 41% fluktuierenden Stromanteils erfordert einen Eintrag in das Speichersystem von 9% der mittleren elektrischen Last bzw. 26 TWh/a (s. Bild 4.12).

Der Energiefluß im Speichersystem ist dann der folgende: 7 TWh/a über Pumpspeicherkraftwerke (5 TWh/a Endenergie) und 19 TWh/a über ein Wasserstoffspeichersystem (8 TWh/a Elektrizität und 1 TWh/a Nutzwärme, Brennstoffäquivalent).
Insgesamt werden also aus fluktuierenden Quellen 105 TWh/a ins Netz eingespeist (Tab. 7.1). Die Reduktion dieser Energiemenge um ein Drittel gegenüber Szenario III,1 wird durch importierten Wasserstoff aufgefangen. Die energetische Umsetzung dieses Energieträgers wurde in Kap. 5 erläutert. Mit den dort angenommenen Techniken lassen sich aus dem importierten 152 TWh/a Wasserstoff 84 TWh/a Elektrizität und 12 TWh/a Nutzwärme (Brennstoffäquivalent) gewinnen.

Der Import von solarem Wasserstoff hat, verglichen mit Szenario III,1, neben der Reduktion des Landbedarfs in der Bundesrepublik im wesentlichen folgende Konsequenzen:
— geringere Nutzung fluktuierender erneuerbarer Energiequellen in der Bundesrepublik und damit deutliche Reduzierung (93:19) des benötigten Wasserstoffspeichersystems für hochwertige Energie,
— größere Möglichkeiten des Einsatzes fossiler Energie im Wärmebereich (unter der Randbedingung eines „C/3-Szenarios") und damit Reduzierung des Einsatzes lokaler Solarwärmetechniken und großmaßstäblicher solarer Nahwärmeanlagen.

Der Beitrag aller erneuerbaren Energiequellen zum Endenergieverbrauch beträgt 39% (Tab. 7.1).

7.3 Szenario III,3: Eingeschränkte Nutzung lokaler erneuerbarer Energiequellen und Import von Solarwasserstoff zur Elektrizitäts- und Wärmebereitstellung

Im Sinne der bereits oben erwähnten Parametervariation kann der Beitrag erneuerbarer Energiequellen zur gesamten Endenergiebereitstellung noch stärker als in den Szenarien III,1 und III,2 über großmaßstäblich erzeugten importierten Solarwasserstoff realisiert werden.

In Szenario III,3 wird daher der Wasserstoffimport beispielhaft gegenüber III,2 verdoppelt. Die eine Hälfte wird zur Elektrizitätserzeugung verwendet, womit die Daten denen des Szenarios III,2 entsprechen, die andere auf dem Wärmemarkt eingesetzt. Der gesamte Wassrstoffimport stammt von einer Landfläche von $4 \cdot 10^9 \, m^2$ in sonnenreichen Exportländern (Tab. 7.2).

Aufgrund der Erhöhung des Parameters „Wasserstoffimport" kann der Parameter „lokale Nutzung regenerativer Energiequellen" verringert werden. Im Szenario III, 3 wird exemplarisch benötigt (Prozentangaben bezogen auf Tab. 3.13):

50% des Biomasse- und Wasserkraftpotentials für die Elektrizitätserzeugung	22 TWh/a
50% des lokalen Photovoltaikpotentials	28 TWh/a
50% des lokalen Windenergiepotentials	10 TWh/a
50% der lokalen Wärmeerzeugung aus allen erneuerbaren Energiequellen	113 TWh/a

Die Nutzung großflächiger Photovoltaikanlagen liefert 66 TWh/a Strom (wie Szenario III, 2), die solaren Nahwärmeanlagen sind gegenüber dem Szenario III, 1 halbiert worden. Hierfür werden „zusätzliche" Landflächen in der Bundesrepublik benötigt: etwa $1,3 \cdot 10^9 \, m^2$ (vgl. Tab. 7.2). Die geringe Einspeisung fluktuierender elektrischer Energie in das Verbundnetz (36%) bewirkt nur noch 6% Überschußenergie entsprechend 17 TWh/a. 7 TWh/a werden über Pumpspeicherkraftwerke abgefangen (5 TWh/a elektrische Endenergie); 10 TWh/a werden dem Wasserstoffenergiespeichersystem zugeführt (4 TWh/a elektrische Endenergie). Dabei stammen in Szenario III, 3 96 TWh/a Elektrizität aus lokalen flukturierenden regenerativen Energiequellen (Tab. 7.1).

Der Betrag aller erneuerbarer Energiequellen zum Endenergieverbrauch beträgt 43%.

7.4 Szenario II, I: Deutliche Nutzung lokaler regenerativer Energiequellen und Import von Solarwasserstoff zur Elektrizitätserzeugung bei relativ höherer Stromnachfrage

Das Szenario II, 1 geht von der Endenergiestruktur 2020, II aus (in ihm wird konservativerweise keine Reduktion des Elektrizitätseinsatzes auf dem Wärmemarkt angenommen). Die Energiebereitstellung mittels erneuerbarer Energien erfolgt wie in Szenario III, 2, die erhöhte Nachfrage nach elektrischer Energie muß allerdings mit einer Erhöhung des Wasserstoffimports um etwa 50% erkauft werden, was zu einer Vergrößerung der Landfläche um $1 \cdot 10^9 \, m^2$ in den Exportländern führt (Tab. 7.2). Dieser Energieträger (228 TWh/a) wird in diesem Szenario in 125 TWh/a Elektrizität und 17 TWh/a Nutzwärme (Brennstoffäquivalent) umgesetzt, wozu noch 1 TWh/a Nutzwärme aus dem Wasserstoffspeichersystem kommt (Tab. 7.1).

7.5 Szenario I, 1: Umfassende Nutzung lokaler erneuerbarer Energiequellen und Import von Solarwasserstoff bei deutlich höherer Endenergienachfrage

Wird rationelle Energienutzung weniger intensiv betrieben, so erfordert die Reduktion fossiler Energie als auch der Verzicht auf Kernenergie selbstverständlich deutlich höhere Anstrengungen bei der Mobilisierung erneuerbarer Energiequellen. Dies wird in diesem Szenario beispielhaft dargestellt.

Neben der vollen Ausschöpfung lokaler Potentiale (wie in Szenario III, 1) wird der Import von 484 TWh/a Solarwasserstoff erforderlich, der sowohl zur Wärme- und Stromerzeugung eingesetzt wird als auch als Treibstoff dient. Über Wind- und Photovoltaikanlagen werden erzeugt:

lokale Windenergieanlagen	20 TWh/a
lokale Photovoltaikanlagen	56 TWh/a
Photovoltaikanlage auf dem Erdboden	70 TWh/a
Fluktuierender Strom insgesamt	146 TWh/a

Dieser Anteil ergibt dieselbe Durchdringung des Verbundnetzes (41%) wie in Szenario III, 2. Wegen des höheren Strombedarfs müssen daher jetzt rund 32 TWh/a (9%) über die Speichersysteme geführt werden, woraus 15 TWh/a Strom (Endenergie) und 2 TWh/a Nutzwärme (Brennstoffäquivalent) gewonnen werden (Tab. 7.1).

Wasserstoff deckt, neben einem Beitrag zur Stomerzeugung, 28% des Wärmebedarfs und 18% des Treibstoffbedarfs. Der Beitrag aller erneuerbarer Energiequellen zum Endenergieverbrauch beträgt 49% (Tab. 7.1).

7.6 Vergleich und Bewertung der Szenarien; Perspektiven

An den fünf vorgestellten Szenarien sollte gezeigt werden, daß eine Reihe von parametrisierbaren Einflußgrößen existieren, durch deren geeignete Wahl in sich konsistente Energieszenarien aufgestellt werden können. Geht man von der „C/3-Hypothese" und dem mittelfristigen Verzicht auf die Nutzung der Kernenergie aus, so sind dies
— Intensität rationeller Energieverwendung,
— Umstrukturierung von Verbrauchssektoren (Verkehr, Wärmemarkt) und des Umwandlungssektors (Kraft-Wärme-Kopplung),
— Ausschöpfungsgrad lokaler Potentiale erneuerbarer Energiequellen,
— Umfang der großflächigen Nutzung erneuerbarer Energiequellen,

— Umfang und Art des Imports erneuerbarer Energiequellen aus einstrahlungsreicheren Gebieten.

In diesem Parameterraum läßt sich für technisch und strukturell plausibel realisierbare Annahmen eine Vielzahl von Gestaltungsmöglichkeiten für die Sicherstellung der zukünftigen Energieversorgung finden, die prinzipiell mit energiepolitischen, ökologischen und ökonomischen Randbedingungen in Einklang zu bringen sind.

Diese Vielfalt zukünftiger Gestaltungsmöglichkeiten läßt nur eine eher willkürliche Auswahl von Zukunftsentwürfen zu. Mittels der ausgewählten Szenarien kann jedoch dargestellt werden, daß eine solarfossile Energieversorgung für ein Industrieland in Mitteleuropa möglich ist und dabei sowohl die fossilen Energieträger drastisch zurückgedrängt als auch die Nutzung der Kernenergie aufgegeben werden kann. Dies kann einerseits durch den Einsatz von Solartechnologien im Inland allein (Szenario III, 1) als auch durch einen unterschiedlich hohen Import von solar erzeugten Energieträgern geschehen (Szenarien III, 2 bis II, 1). Voraussetzung ist jedoch in allen Fällen eine zeitlich vorrangig einzustufende, sehr rationelle Umwandlung und Verwendung von Energie und die möglichst weitgehende Ausschöpfung zahlreicher kleinräumiger, lokaler Potentiale erneuerbarer Energiequellen.

Wenn alle lokalen Nutzungsmöglichkeiten ausgeschöpft werden, also u. a. (s. Tab. 3.14) rund 775 km^2 Kollektoren und Solarzellen auf Dachflächen verlegt werden, so ist darüber hinaus noch ein zusätzlicher Bedarf an Sammlerflächen von rund 1300 km^2 auf dem Erdboden erforderlich, wozu etwa 1% der Gebietsfläche der Bundesrepublik benötigt würde (Szenario III, 1; Tab. 7.2). Bei geringeren Anstrengungen zur rationellen Energieverwendung kann der Landbedarf rasch auf hohe Werte ansteigen, wofür Szenario I, 1 ein Beispiel ist (4625 km^2 Sammlerfläche, 7740 km^2 zusätzlicher Landbedarf).

Mit steigendem Wasserstoffumsatz wächst der Flächenbedarf ebenfalls, da die Umwandlung von Sonnenenergie in einen speicherbaren Energieträger mit zusätzlichen Verlusten erkauft wird (vgl. Tab. 5.1 und 5.2). Im Szenario III, 3 mit einem Wasserstoffumsatz von 311 TWh/a werden daher insgesamt rund 3000 km^2 Sammlerflächen benötigt; ein Drittel mehr als im Szenario III, 1 (Wasserstoffumsatz 67 TWh/a ausschließlich über Speicher).

Während der Einsatz von Wasserstoff als Brennstoff relativ effizient erfolgen kann, also praktisch nur mit den Verlusten der Elektrolyse behaftet ist, ist seine Verwendung als Treibstoff (Verflüssigung), erst recht seine Rückverstromung (ohne Abwärmenutzung) selbst im Fall sehr effizienter Brennstoffzellen vom Gesichtspunkt rationellen Energieeinsatzes unbefriedigend.

7.6 Vergleich und Bewertung der Szenarien

Es sei jedoch ausdrücklich darauf hingewiesen, daß sich der in den Szenarien beispielhaft dargestellte Einsatz von Wasserstoff zwangsläufig aus der begrenzten Nutzungsmöglichkeit fluktuierender solarer Elektrizität ergibt (vgl. Kap. 4), die auf direktem Wege sonst nicht verwendbar wäre und daher eine Speicherung in jedem Fall erforderlich macht. Prinzipiell kommen daher auch sehr große direkte Speicher für Elektrizität von einigen Dutzend TWh/a Jahresenergieumsatz bei gleichzeitig deutlich geringeren Verlusten als denjenigen des Elektrolyse-Brennstoffzellen-Zyklus (40% ohne Abwärmenutzung) in Frage. Dies scheint jedoch auch längerfristig weder für Batteriesysteme noch für Supraleitungssysteme wahrscheinlich zu sein. Die Situation kann sich auch anders darstellen, wenn solarer Wasserstoff nicht mehr ausschließlich über solare Elektrizität mittels Elektrolyse hergestellt werden könnte. Auch die Änderung des Nachfrageverhaltens (etwa andere Lastkurven für den Stromverbrauch) kann nur in Grenzen zu einer Milderung des Speicheraufwandes führen. Für einige Verbrauchssektoren (z. B. Luftverkehr) wird in jedem Fall ein speicherbarer Energieträger benötigt.

Es ist daher bei unserem heutigen Kenntnisstand wahrscheinlich, daß ein Übergang in eine solar-fossile Energieversorgung mit sehr hohen Anteilen solarer Energiequellen die Einbeziehung von Wasserstoff (oder alternativ von Energieträgern aus Biomasse) verlangt. Dies ist vor allem dann von Bedeutung, wenn die ermittelten lokalen Nutzungsmöglichkeiten solarer Wärme nicht in dem hier angenommenen Maße verwirklicht werden können (Szenarien III, 2 und III, 3 im Vergleich zu Szenario III, 1).

Die vorgestellten Szenarien können noch nicht den Anspruch erheben, bereits optimierte Energieversorgungsstrukturen hinsichtlich der Nutzung erneuerbarer Energiequellen darzustellen. Dies gilt sowohl für das günstigste Verhältnis von Elektrizität zu den übrigen Energieträgern als auch hinsichtlich einer möglichst weitgehenden Nutzung der bei der Rückverstromung von Wasserstoff anfallenden Abwärme wie für den Einsatz von Wasserstoff in der Fernwärmeversorgung. Auch ist zu beachten, daß eine energetisch optimale Struktur nicht ohne weiteres auch die kostengünstigste Energieversorgung darstellen muß. Wandlungsverlusten kommt bei erneuerbaren Energiequellen nicht dieselbe Bedeutung zu, wie dies bei erschöpflichen und mit ihren Verbrennungs- und Abfallprodukten die Umwelt belastenden fossilen und nuklearen Energiequellen der Fall ist. Schließlich werden lediglich Bruchteile bereits vorhandener Energieströme angezapft, die örtlich und zeitlich verschoben wieder in den gesamten Energiehaushalt eingefügt werden. Eine möglichst hohe Energieausnutzung ist bei erneuerbaren Energiequellen hauptsächlich aus Kostengesichtspunkten und bei ausschließlicher Nutzung von Solarenergiequellen auf dem Boden der Bundesrepublik Deutschland aus Umweltgründen (Flächenbedarf), nicht jedoch aus Ressourcengründen erforderlich.

Eine kostenoptimierte, insbesondere hinsichtlich gesamtwirtschaftlicher Aufwendungen günstigste Energieversorgungsstruktur mit hohen Anteilen erneuerbarer Energiequellen kann jedoch gegenwärtig noch nicht ermittelt werden, da die Kostenentwicklung zahlreicher Solartechnologien noch ungewiß ist und von zahlreichen energiewirtschaftlichen und politischen Einflußgrößen abhängt (vgl. Kap. 8).

Schließlich ist in Tab. 7.3 der Primärenergieeinsatz der einzelnen Szenarien dargestellt. Dabei wurde bei der energetischen Bewertung erneuerbarer Energiequellen nach dem in den Energiebilanzen üblichen Substitutionsansatz vorgegangen. Danach werden diese Energiequellen (wie gegenwärtig bereits die Wasserkraft) so bewertet, als würden sie entsprechende fossile Brenn- und Treibstoffe ersetzen. Dieser Ansatz verliert zwar bei hohen Anteilen erneuerbarer Energiequellen seinen ursprünglichen Sinn, er wurde aber hier – um Vergleichsmöglichkeiten zu haben – beibehalten. Tatsächlich stellen die Primärenergieäquivalente jedoch fiktive Energiebeträge dar, die lediglich zeigen, welcher Betrag an fossilen Primärenergien aufzuwenden wäre, wenn mit ihnen dieselbe Menge Endenergie bereitzustellen wäre.

Dementsprechend werden inländisch erzeugte solare Elektrizität, Nutzwärme, Brennstoff und Wasserstoff mit den in Tab. 2.8 angegebenen Faktoren auf Primärenergie umgerechnet, wobei aus der Nutzwärme bereits zuvor (z. B. Tab. 3.3 bis 3.5) das entsprechende Brennstoffäquivalent der Endenergie gebildet wurde. Importierter Wasserstoff wird als Brennstoffsubstitut für importiertes Mineralöl oder Erdgas (Endenergie) aufgefaßt und dementsprechend bewertet. Tatsächlich muß für seine Herstellung natürlich solare Elektrizität im Erzeugerland eingesetzt werden. Über den dort erforderlichen tatsächlichen Aufwand, etwa an Photovoltaikanlagen und ihren Flächenbedarf geben die Tab. 3.15 und 7.2 Auskunft.

Aus den Darlegungen der Kap. 6 und 7 ging die Rangfolge der einzuschlagenden Schritte bei der Umgestaltung unserer Energieversorgung hervor. Danach haben rationelle Energienutzungstechniken und lokale Sonnenenergietechniken in den nächsten zwei bis drei Jahrzehnten Vorrang. Sie können bei gleichem Aufwand mehr Nutzen, also Energiedienstleistung liefern, als es die großflächige Sonnenenergienutzung unter Einschluß des Wasserstoffs innerhalb dieses Zeitraums könnte. Soll aber der noch einzuschlagende Weg in eine solar-fossile Energieversorgung dann nicht enden, soll also, wie es Carl Friedrich v.

Weizsäcker [7] formulierte, „Solarenergie die hauptsächliche Energiequelle des kommenden Jahrhunderts werden", so muß auch solarer Wasserstoff bereits heute als Baustein dieser zukünftigen Energieversorgung betrachtet und seine Weiterentwicklung entsprechend vorangetrie-

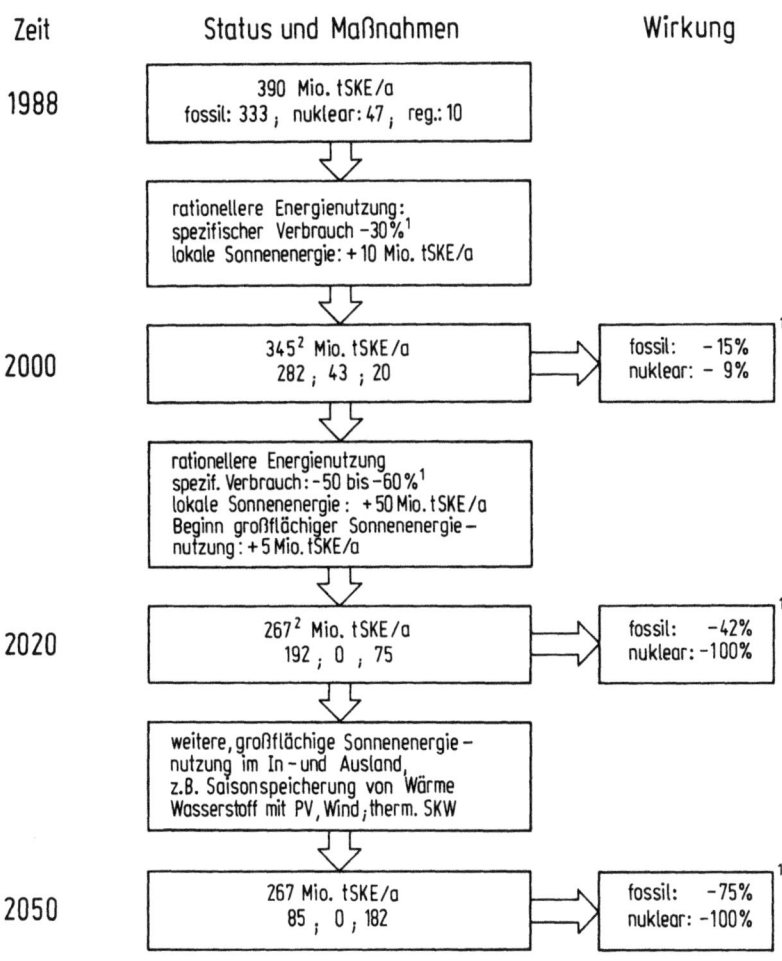

[1] bezogen auf 1988
[2] Wachstum des BSP: 1,5%/a bis 2000; 0,75%/a von 2000–2020.

Bild 7.1. Möglicher zeitlicher Verlauf einer Umstruktuierung der Energieversorgung der Bundesrepublik Deutschland in Richtung überwiegend solarer Energiequellen und einer Ablösung der nuklearen Energie auf der Basis der vorgestellten Szenarien III, 1–3

ben werden. Mit dem damit verbundenen Erfahrungsgewinn kann dann zur passenden Zeit seine Einführung erfolgen.

Mit Bild 7.1 seien dieser Weg und seine Auswirkungen auf die fossile und nukleare Energieversorgung – am Fallbeispiel Bundesrepublik – in Zusammenfassung der drei Etappen nochmals skizziert, wobei die Zeitangaben orientierenden Charakter haben (die Verbrauchshöhe entspricht dem Szenario II).

— Rationellere Energieverwendung und allmählich wachsende lokale Sonnenenergienutzung erlauben zunächst eine Verringerung des fossilen Energieeinsatzes um 15% und ermöglichen den beginnenden Rückzug aus der Kernenergie (1988 bis 2000).

— Bei dynamischer Ausweitung der lokalen Sonnenenergienutzung, weiterer Reduktion spezifischer Energieverbräuche und beginnender großflächiger Sonnenenergienutzung kann fossile Energie auf knapp die Hälfte, nukleare Energie auf Null reduziert werden (2000 bis 2020).

— Danach setzt sich mit der großflächigen Sonnenenergienutzung und dem wachsenden Einsatz von Wasserstoff die Substitution fossiler Energie fort, bis ein möglicherweise tolerabler Wert der CO_2-Emission aus ihrer Verbrennung erreicht ist (2020 bis 2050).

Diese skizzierte Entwicklung ist nur eine von vielen möglichen. Sie kann den Blick für die vor uns liegenden Probleme schärfen, Handlungsvorschläge aufzeigen und auf entsprechende Zwänge hinweisen, die mit jedem Zuwarten die Freiheitsgrade der Zukunftsgestaltung einengen. Möglicherweise wird unsere Vorstellungskraft dabei stark strapaziert. Der Weg – in drei Etappen aufgeteilt – zeigt lediglich – aber konsequent zu Ende gedacht – welche Aufgabe die Ablösung fossiler und nuklearer Energie darstellt, und daß die organische Weiterentwicklung des Energieversorgungssystems viele Jahrzehnte benötigen wird.

8 Die Kosten der Nutzung erneuerbarer Energiequellen

8.1 Kostenreduktion durch Technologieentwicklung und Markteinführung

Gemessen am gegenwärtigen niedrigen Energiepreisniveau schließen die Wärme- und Stromerzeugungskosten heutiger solarer Energiesysteme in den meisten Fällen einen betriebswirtschaftlich vertretbaren Einsatz noch aus. Heizöl- und Gaspreise liegen derzeit (1988) für private Haushalte zwischen 3 und 5 Pf/kWh. Strom für Nachtspeicherheizungen wird für 10 Pf/kWh abgegeben. Damit erzielbare Nutzwärmekosten für Heizungssysteme reichen von 11 bis 17 Pf/kWh und für die Warmwasserbereitung von 14 bis 25 Pf/kWh je nach Systemgröße, Bauart, Energieträger und Hausgröße [13]. Die Industrie erhält Brennstoffe für rund 2 Pf/kWh. Elektrizität kostet für den Haushalt etwa 24 Pf/kWh, für die Industrie etwa 13 Pf/kWh. Stromerzeugungskosten in größeren neueren konventionellen Kraftwerken liegen zwischen 12 und 18 Pf/kWh.

Diese aktuellen Energiepreise und ihre vermutete weitere Entwicklung sind zweifellos die wichtigste Einflußgröße bei Kauf- bzw. Investitionsentscheidungen für Energieanlagen. Marktchancen und Einführungsgeschwindigkeiten erneuerbarer Energiequellen hängen ganz entscheidend von den Preiserwartungen bei den Konkurrenzenergien ab. Investitionen in Techniken zu ihrer Nutzung werden umso bereitwilliger getätigt, je höher und stabiler die erwarteten Trends eingeschätzt werden.

Eine genaue Kostenermittlung für solare Technologien und die Definition der „betriebswirtschaftlichen Rentabilität" werden durch zwei Probleme beträchtlich erschwert:

— Es gibt kaum Märkte für diese Techniken und daher auch keine Marktpreise, die abgerufen werden können oder allgemein bekannt sind. In den meisten Fällen existieren Demonstrationsanlagen oder kleine Serien, für die eine Kostenermittlung schwierig, unsicher und meist mit einer relativ großen Bandbreite versehen ist.

Selbst wenn heutige Kosten einigermaßen präzise ermittelt werden können, so sind sie nicht repräsentativ für zukünftige Kosten, die sehr wahrscheinlich geringer sein werden. Einmal haben „junge" Technologien erfahrungsgemäß Kostensenkungspotentiale infolge technischer Weiterentwicklung und Erfahrungsgewinn im praktischen Einsatz. Solche Potentiale lassen sich aber nur über längere Zeiträume und in Rückkopplung mit Markterfolgen erschließen. Wachsende Markterfolge wiederum lassen größere Fertigungsserien zu, die zu weiteren Kostensenkungen infolge Rationalisierungsmöglichkeiten bei Fertigung, Vertrieb und Installation führen. Da die Herstellung vieler solarer Technologien typischerweise Großseriencharakter hat, also viel eher mit der Fertigung von Fahrzeugen, Werkzeugmaschinen, Fernsehern, Heizkörpern u. ä. zu vergleichen ist als mit dem Bau von herkömmlichen Kraftwerken oder Industrieanlagen, ist man bei den gegenwärtigen kleinen Stückzahlen von einer Untergrenze der Herstellungskosten noch *weit* entfernt.

Heutige Kosten dürfen also bei der Abschätzung der Zukunftsaussichten erneuerbarer Energien nicht festgeschrieben werden. Trotz Unsicherheiten und nicht direkt „beweisbarer" Kostensenkungspotentiale müssen Annahmen über technische Verbesserungsmöglichkeiten und über Lernkurven bei der Produktion in Großserien in die Betrachtung einbezogen werden, muß also auf die *Dynamik* der gesamten Entwicklung geachtet werden.

Zusätzlich erschwert werden betriebswirtschaftliche Vergleiche durch notwendige Annahmen über zukünftige Preisverläufe fossiler oder nuklearer Konkurrenzenergien, über Zinssätze, Inflationsraten, Amortisationszeiten, Einspeise- und Vergütungsbedingungen für Strom u. ä. Erst die ermittelten Energiegestehungskosten über den ganzen Betrachtungszeitraum (Lebensdauer bzw. die Amortisationszeiten) erlauben nämlich einen korrekten Vergleich der Wirtschaftlichkeit konkurrierender Anlagen. „Brennstofflose" Technologien, eben die erneuerbaren Energiequellen, werden von Energiepreissteigerungen nicht berührt, wohl aber die brennstoffbehafteten Energiequellen fossiler und nuklearer Art (allerdings mit unterschiedlicher Stärke). Darüber hinaus werden wachsende Sicherheits- und Umweltauflagen ebenfalls die Kosten bei konventionellen Energieanlagen ansteigen lassen (Beispiel: Entschwefelungs- und Entstickungsanlagen).

Man kann also generell von gegenläufigen Kostenentwicklungen bei konventionellen (fossilen und nuklearen) Energieanlagen einerseits und regenerativen Energieanlagen andererseits ausgehen. Der Schnittpunkt – gleiche betriebswirtschaftliche Rentabilität – ist jedoch nicht vorhersag-

8.2 Kosten einiger Solartechnologien

bar, da die zuvor genannten Einflüsse, die zudem in den meisten Fällen durch politische und unternehmerische Entscheidungen beeinflußt werden können, keine eindeutige Prognose, sondern bestenfalls konditionierte „wenn-dann"-Aussagen zulassen. So läßt sich nur generell und plausibel darlegen, daß eine Anzahl erneuerbarer Energietechnologien bereits unter heute und in naher Zukunft geltenden gesamtwirtschaftlichen Randbedingungen das Potential zur betriebswirtschaftlichen Rentabilität haben und in manchen Fällen bereits „an der Schwelle der Wirtschaftlichkeit" stehen. Dies wird im Folgenden beispielhaft für einige solare Technologien dargestellt.

8.2 Investitions- und Energiegestehungskosten einiger Solartechnologien

Solare Wärmebereitstellungssysteme dienen in erster Linie als „fuel saver", d. h. sie sparen am konventionellen Teil des Gesamtsystems kaum Investitionskosten ein, sondern reduzieren lediglich den Brennstoffverbrauch. Es liegt deshalb nahe, denjenigen äquivalenten Brennstoffpreis zu bestimmen, bei dem solar erzeugte Nutzwärme ebenso teuer wie konventionell erzeugte ist. Liegen die tatsächlichen Brennstoffpreise darüber, so ist das Solarsystem kostengünstiger, und der solare Deckungsgrad könnte gesteigert werden, bis wegen der wachsenden Aufwendungen wieder Kostengleichheit erreicht ist. Bild 8.1 zeigt die äquivalenten Brennstoffpreise einer Reihe solarer Wärmebereitstellungssysteme, wie sie in [25] ermittelt wurden. Sie können mit geschätzten Preisentwicklungen von Brennstoffen verglichen werden, wobei zu beachten ist, daß es sich um gemittelte reale Kosten bzw. Preise über die gesamte Nutzungsdauer der Systeme von 20 Jahren handelt.

Für die betrachteten Systeme sind die zugrundegelegten Kostenannahmen für den „solaren" Teil, bestehend aus Kollektor- und Speicherkreis, in Tab. 8.1 zusammengestellt. Die spezifischen Systemkosten (in DM/m^2) zeigen, daß neben der Qualität des Kollektors vor allem die Feldgröße von großem Einfluß ist. Bei gleicher Ausbeute werden Großsysteme Nutzwärme günstiger bereitstellen.

Aus Bild 8.1 ist die bereits heute vorliegende Wirtschaftlichkeit der Schwimmbadbeheizung ersichtlich. Das nächste kostengünstige System (Warmwasserbereitung, solarer Deckungsgrad 25%, 350 m^2 Kollektorfläche) verursacht mehr als doppelt so hohe Kosten. Über die Kollektorfeldgröße, den solaren Deckungsgrad und der Temperatur ergibt sich eine Rangfolge der Systeme in bezug auf die Wärmegestehungskosten. Die Einkopplung von Solarwärme in Nahwärmenetze mit

8 Die Kosten der Nutzung erneuerbarer Energiequellen

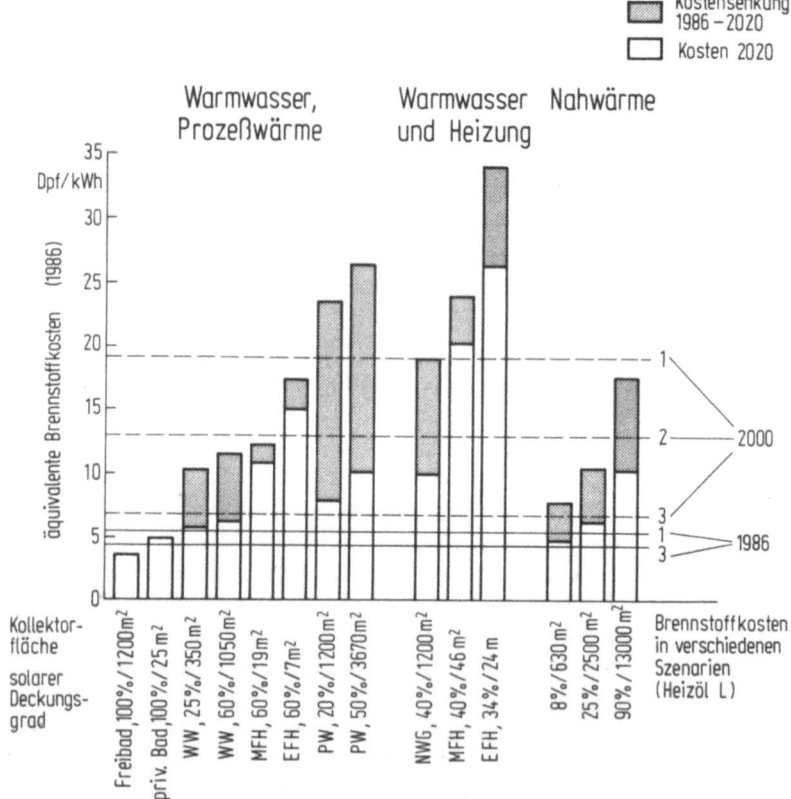

Bild 8.1. Äquivalente Brennstoffkosten verschiedener solarer Wärmebereitstellungssysteme und mögliche Kostensenkungen bei Fertigung großer Stückzahlen. Vergleich mit verschiedenen Szenarien der Preisentwicklung von Heizöl L (1 ≙ 4%/a, 2 ≙ 2,6%/a, 3 ≙ 1,3%/a Preisanstieg; Vergleichsbasis sind mittlere reale Kosten über einen Zeitraum von 20 Jahren). Nach [25]. Abkürzungen siehe Tabelle 8.1; NWG = Nichtwohngebäude

kleinem solaren Deckungsgrad (8%, ohne Speicher) ist mit preiswerten Kollektoren heutigen schwedischen Standards eine bereits in naher Zukunft interessante Perspektive.

Zukünftige Kosten solarthermischer Anlagen werden wegen weiterer technischer Entwicklung und steigenden Stückzahlen unter den heutigen Kosten liegen. Auch bei der Installation sind noch Rationalisierungsmaßnahmen möglich; mit wachsender Erfahrung werden Risikozuschläge wegfallen. Die Kostendegression wird bei den einzelnen Komponenten sehr unterschiedlich ausfallen. Flachkollektoren sind weitgehend

8.2 Kosten einiger Solartechnologien

Tabelle 8.1. Investitionskosten für den solaren Teil (Kollektoren und Speicherkreis) von Wärmebereitstellungssystemen; gegenwärtige Kosten und zukünftig erreichbare Kosten. Nach [25].

Systeme mit solarem Deckungsgrad (%) und Kollektorfläche (m²)	Flachkollektoren (DM/m²)			Vakuumkollektoren (DM/m²)		
	1986	2000	2020	1986	2000	2020
Freibad, 100/25	150	150	150	—	—	—
Schwimmbad, 100/1200	130	130	130	—	—	—
Warmwassergroßsysteme						
— 25/350	811	526	486	—	757	557
— 60/1050	721	468	423	—	700	500
Prozeßwärme						
— 20/1200	—	—	—	1010	500	350
— 50/3670	—	—	—	935	477	377
Nahwärmesystem						
— 8/630	440	300	270	800	500	350
— 25/2500	475	337	305	830	530	380
— 90/13 000	724	530	428	1120	752	520
Ein-/Zwei-Fam.-Haus						
— 60/7	1170	1100	1100	1700	1433	1283
— 34/24	929	860	860	1290	1045	890
Mehrfamilien-Haus						
— 60/19	915	840	840	1347	1094	924
— 40/46	859	794	794	1251	1003	826

ausgereift. Für sie wird von einer Kostenreduktion von 20% ausgegangen (Ausgangspreis 1986: 228 DM/m²).

Vakuumkollektoren werden bisher nur in kleinen Stückzahlen hergestellt. Hier wird bei Massenproduktion nahezu eine Halbierung der Kosten erwartet (25% für automatisierte Fertigung, 20% für neue Techniken, 10% für den vereinfachten Entwurf). Bei der Installation von Kollektoren auf Dächern scheinen ebenfalls noch deutliche Vereinfachungen möglich zu sein; hier wird mit einer zukünftigen Arbeitszeitersparnis von 25% gerechnet [25].

Kurzzeitspeicher sind Stand der Technik. Nur für saisonale Speicher in Nahwärmekonzepten werden Kostenreduktionen angenommen. Für die übrigen, meist konventionellen Komponenten werden keine Kostenreduktionen erwartet. Die mit diesen Kostenannahmen ermittelten Kostendegressionen können ebenfalls aus Bild 8.1 entnommen werden.

Die vermuteten Kostendegressionen fallen bei den Großsystemen deutlicher aus als bei den Anlagen auf Privathäusern. Auf den ersten Blick ist sichtbar, daß für die hohen Preisanstiegsszenarien 1 und 2 (4%/a bzw. 2,6%/a realer Preisanstieg) zahlreiche Solartechnologien betriebswirtschaftlich rentabel würden, während für das niedrige

8 Die Kosten der Nutzung erneuerbarer Energiequellen

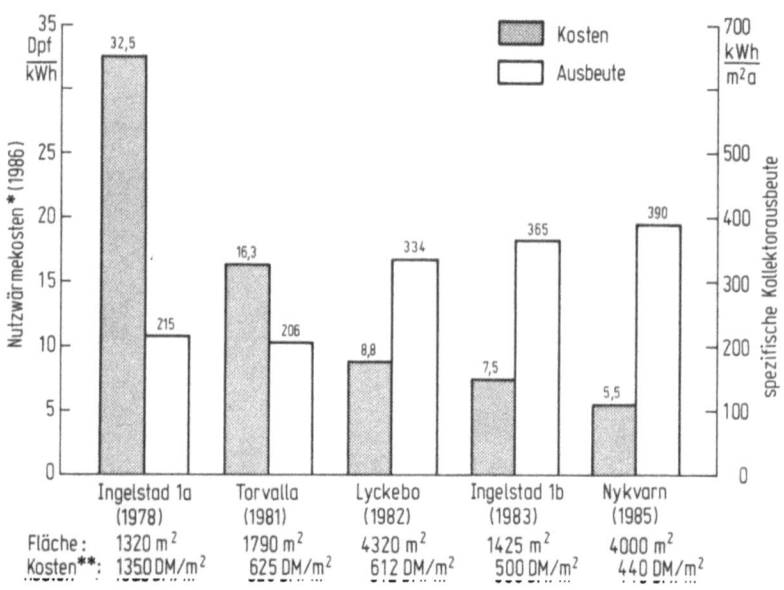

* ohne Wärmeverteilungskosten
** komplettes System ohne Speicher

Bild 8.2. Entwicklung der Nutzwärmekosten und der Energieausbeute bei einer Reihe von Demonstrationsprojekten zur solaren Nahwärmeversorgung in Schweden. Nach [26]

Preisanstiegsszenario 3 (1,3%/a realer Preisanstieg) die formal wirtschaftliche thermische Solarenergienutzung eher die Ausnahme bliebe.

Die in obiger Darstellung für die Zukunft vermutete Kostendegression ist für den Fall sehr großer Sonnenkollektorfelder in schwedischen Demonstrationsprojekten bereits sichtbar geworden [26] (Bild 8.2). Die erreichte Kostensenkung (Faktor 6) bei gleichzeitiger Ausbeuteverbesserung ist beachtlich und zeigt, wie unerläßlich der bereits erwähnte Weg der stetigen Weiterentwicklung unter realistischen Einsatzbedingungen ist. Mit etwa 12 bis 14 Pf/kWh Nutzwärmekosten (einschließlich Speicher, *ohne* Wärmeverteilung, bis 25% solarer Deckungsgrad, Abschreibungszeit 20 Jahre, realer Zinssatz 4%/a) wäre ein heute errichtetes größeres solares Warmwassersystem (1000 m² und mehr Kollektorfläche) nahe an der Wirtschaftlichkeitsschwelle. In Schweden wird deshalb auch konsequent an der Weiterentwicklung und der Einsatzvorbereitung solcher Systeme gearbeitet.

In [25] wurden auch die Kosten von Elektrizität aus *Windenergie* ermittelt (Bild 8.3). Aktuelle und ausführliche Angaben findet man auch

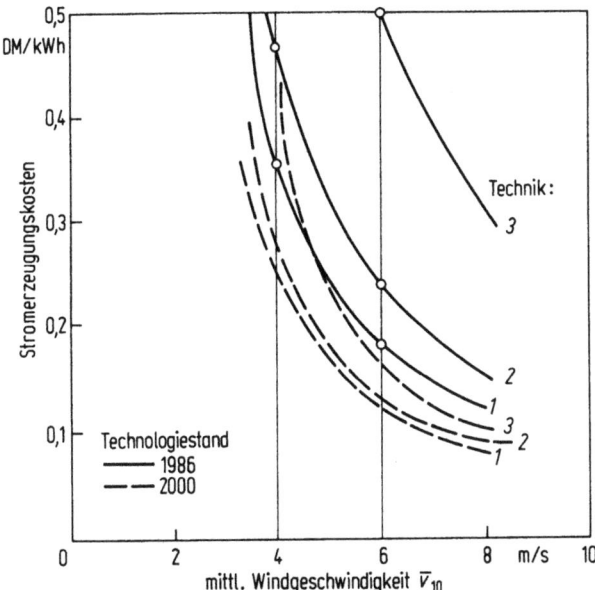

Bild 8.3. Stromerzeugungskosten verschiedener Windenergieanlagen als Funktion der mittleren Jahresgeschwindigkeit in 10 m Höhe für heutige und in naher Zukunft vorhandene Technologien. Nach [25]

Technik 1: 75 kW; 2080 DM/kW (1986), 1560 DM/kW (2000);
Technik 2: 200 kW; 3175 DM/kW (1986), 1925 DM/kW (2000);
Technik 3: 1,2 MW; 7000 DM/kW (1986), 3500 DM/kW (2000).

Betriebs- und Wartungskosten: 2%/a der Investitionen; Nutzungsdauer = Abschreibung: 15 Jahre; Realer Diskontsatz: 4%/a

in [59]. Kleine Anlagen (rund 30 bis über 100 kW, Technik 1) sind am ausgereiftesten und haben bereits gewisse Kostenreduktionen hinter sich. In sehr windgünstigen Gebieten (v = 6 m/s), die allerdings nur selten vorkommen, sind heute Stromgestehungskosten knapp unter 20 Pf/kWh erreichbar, wenn die Abschreibungszeit 15 Jahre beträgt (Bild 8.3). Größere Anlagen (Technik 2) liegen in ihrer Entwicklung etwas zurück, sehr große Anlagen (Technik 3) sind ausschließlich Experimentalanlagen bzw. Prototypen.

Zu beachten ist die starke Abhängigkeit der Stromerzeugungskosten von der mittleren Jahresgeschwindigkeit. Bei v = 4 m/s steigen die Stromgestehungskosten kleiner Anlagen bereits auf etwa 35 Pf/kWh. Nur gute bis sehr gute Standorte (v ≥ 5 m/s) kommen daher in der näheren Zukunft für die Stromerzeugung aus Windenergie in Frage. Zukünftige Kostendegressionen sind auch bei der Windenergie von

Tabelle 8.2. Geschätzte Herstellungskosten größerer Windenergieanlagen bei Einzelfertigung und mögliche Kostenreduktion bei Serienfertigung. Nach [59].

Anlagentyp		Dreiblattrotor, konv. Bauweise			Zweiblattrotor, Leichtbauweise		
Rotordurchmesser	m	25	50	75	25	75	100
Nennleistung	kW	200	1000	2500	180	2200	4000
Rotorfläche	m²	491	1963	4418	491	4418	7584
Nettoherstellungskosten bei Einzelfertigung	DM/m²	862	1577	2053	752	1528	1898
	DM/kW	2116	3095	3628	2051	3068	3600
Kostenreduktionsfaktor bei Serienfertigung (>100 Stück/Jahr)		0,60	0,52	0,52	0,59	0,53	0,47

großer Bedeutung. Während bei Kleinanlagen günstigstenfalls noch mit einer Reduktion um rund 25% gerechnet wird (Bild 8.3, Technik 1), versprechen größere Anlagen – von einem höheren Kostenniveau ausgehend – Kostensenkungen von 40 bis 50% bei einer kommerziellen Serienfertigung (Tab. 8.2).

Auch diese Annahmen können durch bereits erzielte Erfolge gestützt werden (Bild 8.4). Die spezifischen Investitionskosten von Windanlagen in den USA sanken zwischen 1981 und 1987 um den Faktor 3, woran insbesondere importierte Anlagen, vor allem aus Dänemark, einen großen Anteil hatten.

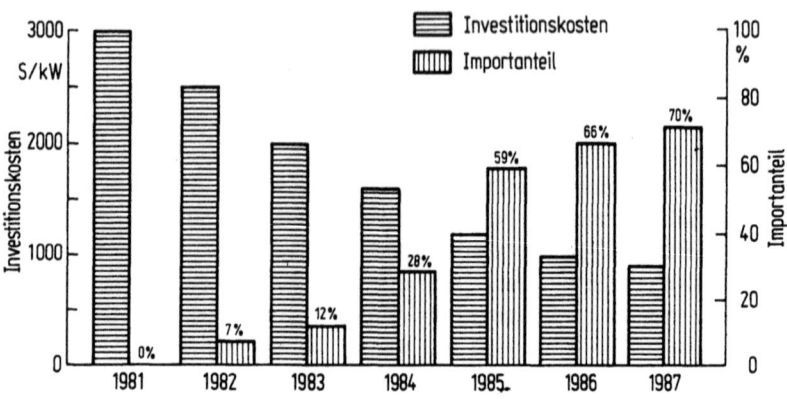

Bild 8.4. Entwicklung der Investitionskosten von Windenergieanlagen in den USA und Anteil importierter Windenergieanlagen. Nach [95]

8.2 Kosten einiger Solartechnologien

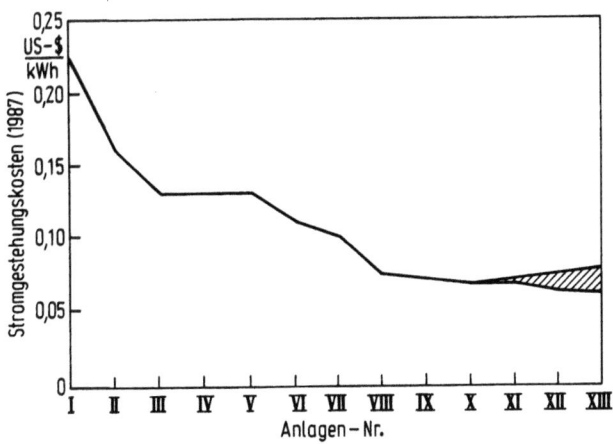

An-lage	Jahr der Inbetrieb-nahme	Status	Turbinen-leistung (MW$_e$)	Kollektorfeld Temp. (°C)	Größe (m²)	Wirkungsgrad des Kreisprozesses Solar-betrieb	Gas-betrieb	Jahres-energie-produk-tion (MWh)
I	1985	in Betrieb	13,8	293	82 960	31,5*	—	30 100
II	1986	in Betrieb	30	300	188 987	29,4	37,3	80 500
III	1987	in Betrieb	30	335	230 300	30,6	37,4	92 780
IV	1987	in Betrieb	30	335	230 300	30,6	37,4	92 780
V	1988	in Betrieb	30	335	233 120	30,6	37,4	91,820
VI	1989	in Bau	30	376	188 000	37,5	39,5	90 850
VII	1989	in Bau	30	376	194 280	37,5	39,5	92 646
VIII	1990	in Planung	80	376	464 340	37,5	37,6	253 380

* Einschließlich Überhitzung durch Gasfeuerung.

Bild 8.5. Entwicklung der Stromerzeugungskosten von solarthermischen Rinnenkraftwerken seit 1985; als demnächst erreichbar werden Kosten von 12 bis 15 Dpf/kWh erwartet. Nach [70]

Solarthermische Kraftwerke, die nur in einstrahlungsreichen Regionen zum Einsatz kommen können, haben unterschiedlichen Entwicklungsstand. Ausschließlich mit solarthermischen Rinnenkollektorkraftwerken – den 30 MW$_e$-SEGS-Anlagen I–V („Solar Electricity Generating System" der Firma Luz) konnte auf dem „Elektrizitätsmarkt" unter den besonders günstigen Bedingungen Kaliforniens (Abdeckung von Spitzenlasten) Fuß gefaßt werden (Bild 8.5). Die spezifischen Investitionskosten lagen für die erste Anlage bei 4500 US-$/kW$_e$, für die weiteren Systeme bei 3500 bis 4000 US-$/kW$_e$, die geplanten Anlagen SEGS VI und VII sollen ca. 2000 US-$/kW$_e$ kosten [60, 70]. Kostensenkungen wurden vor allem durch bessere Anpassung der Komponenten

104   8 Die Kosten der Nutzung erneuerbarer Energiequellen

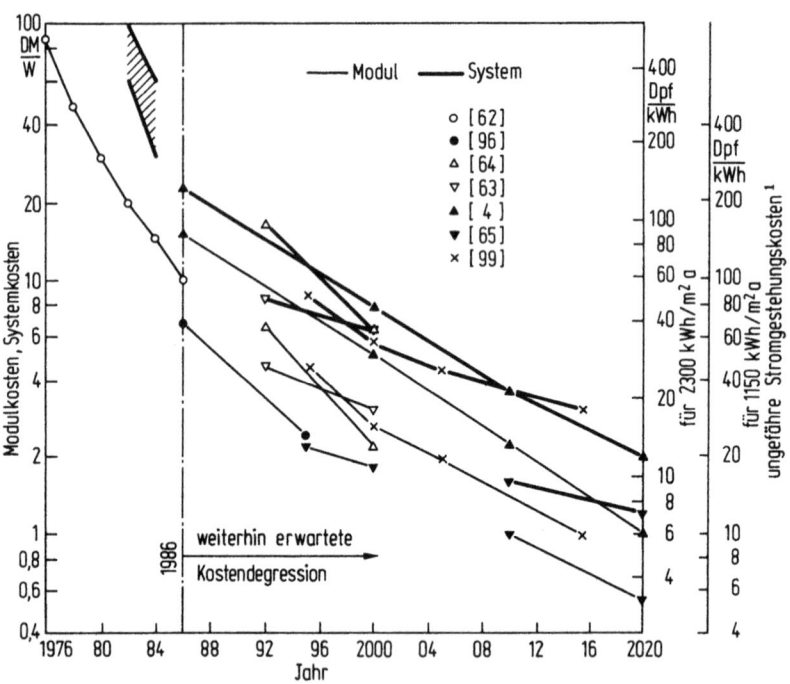

[1] Zinssatz 7%, Abschreibungszeit 30 Jahre, Betriebskosten 5 (→1) Dpf/kWh

Bild 8.6. Vergangene und weiterhin erwartete Kostendegression von Photovoltaik-Modulen und -Gesamtsystemen. Vorausgesetzt sind deutliche Steigerungen von Fertigungskapazitäten. Für zwei Einsatzgebiete (Mitteleuropa und Nordafrika) können die Stromerzeugungskosten an der rechten Ordinate abgelesen werden. Nach [4, 62, 63, 64, 65, 96, 99]

an die speziellen Bedürfnisse des Gesamtsystems erreicht. Allein der Einsatz einer neuen, auf das solare Lastangebot speziell ausgelegten Turbine erhöhte den Systemwirkungsgrad von 11 auf 13,5%, was einer Reduzierung des Spiegelfeldes um den entsprechenden Differenzbetrag gleichkommt. Eine weitere Kostensenkung wird durch die Vergrößerung der Einheitsleistung auf 80 bzw. 300 MW$_e$ erreicht werden (2200 US-\$/kW$_e$ für 80 MW$_e$; 1800 US-\$ für 300 MW$_e$). Derzeitige Stromgestehungskosten liegen bei 13 US-¢/kWh$_e$; 8 bis 6 US-¢/kWh$_e$ scheinen erreichbar. Die fossile Zusatzfeuerung ist dabei auf maximal 25% der Jahresenergiemenge begrenzt.

Die erfolgreiche Markteinführung dieses Kraftwerktyps zeigt die – an sich naheliegende – Strategie technologischer Entwicklung auf. Nur

8.2 Kosten einiger Solartechnologien

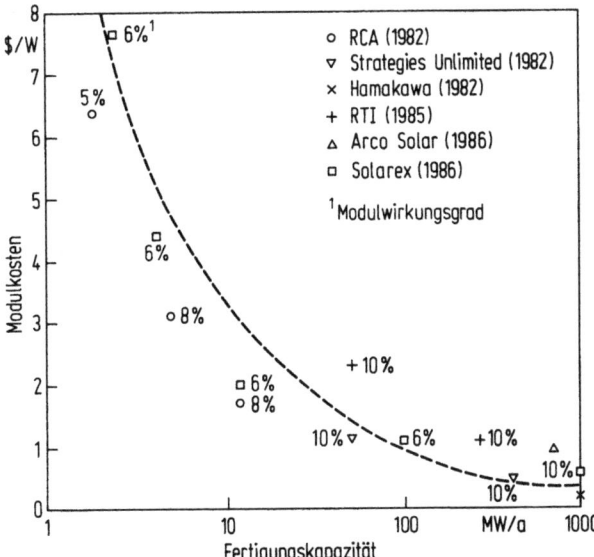

Bild 8.7. Geschätzte Entwicklung der Kosten und Wirkungsgrade als Funktion der Fertigungskapazität für Dünnschichtzellen auf der Basis amorphen Siliziums nach Angaben amerikanischer und japanischer Hersteller. Nach [65]

die stetige, praxisnahe Weiterentwicklung erschließt die betriebswirtschaftlich bedeutsamen Kostenbereiche.

Die beträchtlichste Kostenreduktion zeigten in der Vergangenheit – allerdings von hohem Niveau ausgehend – *photovoltaische Anlagen*. Modulkosten konnten bei stetig steigendem Marktvolumen innerhalb etwa eines Jahrzehnts von rund 100 DM/W_p auf rund 10 bis 12 DM/W_p gesenkt werden (Bild 8.6), die von kompletten größeren Anlagen unter 30 DM/W_p. Jetzt erstellte Anlagen können Elektrizität in unseren Breiten zu etwa 2 DM/kWh_e, in Südeuropa oder Nordafrika zu etwa 1 DM/kWh_e liefern. Die künftig vermutete Kostenentwicklung dieser potentiell bedeutendsten solaren Stromquelle war Gegenstand zahlreicher Untersuchungen [4, 61, 62, 63, 64, 65]. Module mit polykristallinen Zellen können um die Jahrhundertwende spezifische Kosten von 3 bis 5 DM/W_p erreichen, Module mit Dünnschichtzellen möglicherweise 2 DM/W_p.

Neben technologischen Fortschritten setzen die Kostenschätzungen jedoch für die Zukunft beträchtlich steigende Produktionskapazitäten und damit funktionierende Märkte für Photovoltaikmodule voraus. Eine amerikanische Untersuchung (Bild 8.7, [65]) hält die möglichen

Kostenreduktionen speziell bei Dünnschichtzellen für beträchtlich, wenn die Fertigungskapazitäten auf 100 bis 1000 MW_p/a steigen bei gleichzeitiger Verbesserung des Wirkungsgrades von gegenwärtig 5 bis 6% auf 10%.

Eine kostengünstige und energiewirtschaftlich bedeutsame Solarstromerzeugung aus Photovoltaik mit weniger als 20 Pf/kWh_e in Mitteleuropa und um 10 Pf/kWh_e in einstrahlungsreichen Ländern muß also mit dem jahrzehntelangen Aufbau einer beträchtlichen „Solarindustrie" einhergehen. Dazu bedarf es entsprechender Investitionen, die auf lange Sicht zu beträchtlichen Umsätzen führen könnten. Schätzungen der Investitionskosten für eine einzelne Fertigungsstätte von 35 MW Jahreskapazität für polykristalline Solarzellenmodule liegen bei 115 Mio DM [63]; Umsätze einer Photovoltaikindustrie, welche eine Jahresproduktion von 100 Mio t SKE/a solaren Wasserstoffs aufrechtzuerhalten hätte, bewegten sich bei 50 Mrd DM/a [4].

Photovoltaische Energiewandlung zeigt in ausgeprägter Form das Problem erneuerbarer Energiequellen: Ein attraktives technologisches und wirtschaftliches Potential wird angesichts von Überkapazitäten der etablierten Energieversorgung, derzeit niedriger Energiepreise und

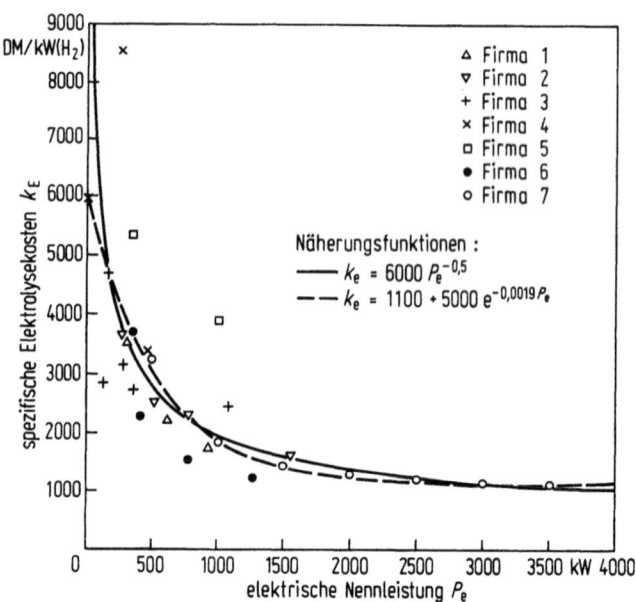

Bild 8.8. Spezifische Investitionskosten von Elektrolyseanlagen (bezogen auf die H_2-Leistung) als Funktion der elektrischen Nennleistung nach einer Firmenumfrage. Nach [66]

8.2 Kosten einiger Solartechnologien

ungenügender Berücksichtigung externer Kosten nicht oder nur sehr langsam erschlossen. Die Entwicklungsdynamik – bei den SEGS-Anlagen durch eine Reihe sich gegenseitig begünstigender Faktoren in Gang gekommen – anzustoßen, mehr noch, sie zu beschleunigen, sollte daher wesentlichste Aufgabe vorsorgender und langfristig angelegter Energiepolitik sein, da erst das erfolgreiche Durchlaufen der Markt- und Kostendynamik zur Erschließung des gewaltigen und unerschöpflichen solaren Energieangebots führen kann.

Kostenschätzungen für *solaren Wasserstoff* sind heute sehr unsicher. Neben die Stromerzeugungskosten aus Photovoltaik und solarthermischen Kraftwerken treten die ebenfalls unsicheren Kosten zukünftiger Elektrolyseanlagen. Heutige Elektrolyseure sind relativ teuer (Bild 8.8, [66]) und haben Wirkungsgrade vom maximal 80% (entsprechend 4,5 kWh/$m_N^3 H_2$, bezogen auf oberen Heizwert). Fortschrittliche Elektrolyseure mit höherem Wirkungsgrad ($< 4\,\text{kWh}/m_N^3 H_2$) bei höheren Stromdichten erlauben noch deutlichere Kostenreduktionen. Auch dieser technisch mögliche Entwicklungsprozeß verlangt neben weiteren Anstrengungen nach größeren Märkten für Elektrolysewasserstoff schon in näherer Zukunft. Betriebswirtschaftliche Konkurrenzfähigkeit von Elektrolysewasserstoff mit fossilen Energieträgern (Erdgas, Öl) wird allerdings auch dann nur bei kontinuierlichen realen Preissteigerungen der letzteren und Stromkosten nicht höher als rund 10 Pf/kWh erreicht.

Fügt man beispielhaft die angenommene Kostenentwicklung der Photovoltaik (Bild 8.6) mit Kostenannahmen zu Elektrolyseuren zu einem „Kostenszenario" zusammen, so ermöglichte ein *langdauernder, kontinuierlicher Entwicklungsprozeß* beider Technologien unter der Voraussetzung moderner industrieller Fertigungsanlagen und ausreichend großer Märkte schließlich die Herstellung solaren Wasserstoffs in Mitteleuropa um 25 Pf/kWh und um 15 Pf/kWh in einstrahlungsreichen Gebieten (Tab. 8.3, unten). Denkt man an eine Nutzung des letzteren auch in Mitteleuropa, so treten noch entsprechende Transportkosten in einer Größenordnung um 3 bis 5 Pf/kWh hinzu [67].

Solare Elektrizität (Wechselstrom) läge dann unter gleichen Bedingungen bei etwa 20 Pf/kWh$_e$ in Mitteleuropa und 12 Pf/kWh$_e$ in einstrahlungsreichen Gebieten (Tab. 8.3, oben). Auch hier wären im letzteren Fall Transportkosten nach Mitteleuropa hinzuzurechnen (Hochspannungsgleichstromübertragung, 2 bis 4 Pf/kWh$_e$ [67]). Kosten für eine zusätzliche Zwischenspeicherung von Elektrizität bzw. für eventuell erhöhte Reservekapazitäten bei anderen Kraftwerken kämen hier für einen kompletten Vergleich noch hinzu.

Die oben genannten Kosten sind – im Gegensatz zu konventionellen Kraftwerken – kaum von der Größe der Anlage abhängig, da sowohl

Tabelle 8.3. Kostenannahmen für größere Photovoltaikkraftwerke und entsprechende Stromgestehungskosten in Mitteleuropa und in einstrahlungsreichen Gebieten (obere Tabelle) und sich daraus ergebende Wasserstoffgestehungskosten bei Einsatz verschiedener Elektrolysetechnologien (untere Tabelle). Die Jahreszahlen haben orientierenden Charakter, vorausgesetzt wird eine Großserienfertigung und ein stetiger technologischer Entwicklungsprozeß. Nach [4, 61, 62, 63, 64, 65].

Zeitpunkt/ Technik	Investitionskosten					Einsatzort Mitteleuropa		Einsatzort Südeuropa/Nordafrika	
	Kostenkomponenten			Gesamt-system DM/W_N		(1150 kWh/m^2a) Jahres-nutzungs-grad (%)	Stromgestehungs-kosten[a] (Pf/kWh_e)	(2300 kWh/m^2a) Jahres-nutzungs-grad (%)	Stromgestehungs-kosten[a] (Pf/kWh_e)
	Modul DM/W_p	Aufstellung DM/m^2	Elektrik DM/W_N						
1981/82 polykristallin	15	(1200)	(2,5)	36,5		8,0	317	7,2	177
1988 polykristallin	12	500	2,0	21,8		10,0	191	8,9	107
2000 polykristallin ~20 MW$_p$/a	5	150	1,8	9,3		11,2	81	10,0	45
	5	100	1,0	8,0		11,2	70	10,0	39
2010 Dünnschicht	2	100	0,7	4,1		11,2	36	10,0	20
2020 Dünnschicht	1	80	0,5	2,4		12,5	20	10,8	12

[a] 30 Jahre, 7% Zins: Annuität 8,06%, Betriebskosten 5 Pf/kWh abnehmend auf 1 Pf/kWh; 10% Zuschlag für indirekte Kosten; Geldwert 1988.

8.2 Kosten einiger Solartechnologien   109

Tabelle 8.3. Kostenannahmen für größere Photovoltaikkraftwerke und entsprechende Stromgestehungskosten in Mitteleuropa und in einstrahlungsreichen Gebieten (obere Tabelle) und sich daraus ergebende Wasserstoffgestehungskosten beim Einsatz verschiedener Elektrolysetechnologien (untere Tabelle). Die Jahreszahlen haben orientierenden Charakter, vorausgesetzt wird eine Großserienfertigung und ein stetiger technologischer Entwicklungsprozeß. Nach [4, 61, 62, 63, 64, 65].

Zeitpunkt/ Energieangebot (kWh/m²a) für PV-Anlage	Strompreis Pf/kWh (Gleichstrom aus Photovoltaik)	Wasserstoffkosten in Pf/kWh (H_o) Kenndaten der Elektrolyse		
		4,5 kWh/m³ H_2 1300 DM/kW (1988)	3,95 kWh/m³ H_2 650 DM/kW (2000)	3,70 kWh/m³ H_2 650 DM/kW (2020)
1982/1150	300	400		
1988/1150	180	250		
1988/2300	100	138		
2000/1150	68	108	84	
2000/2300	40	62	48	
2020/1150	17		27	25
2020/2300	10		15	14

[a] 30 Jahre; 7% Zins; H_o = oberer Heizwert (3,55 kWh/m³).

110   8 Die Kosten der Nutzung erneuerbarer Energiequellen

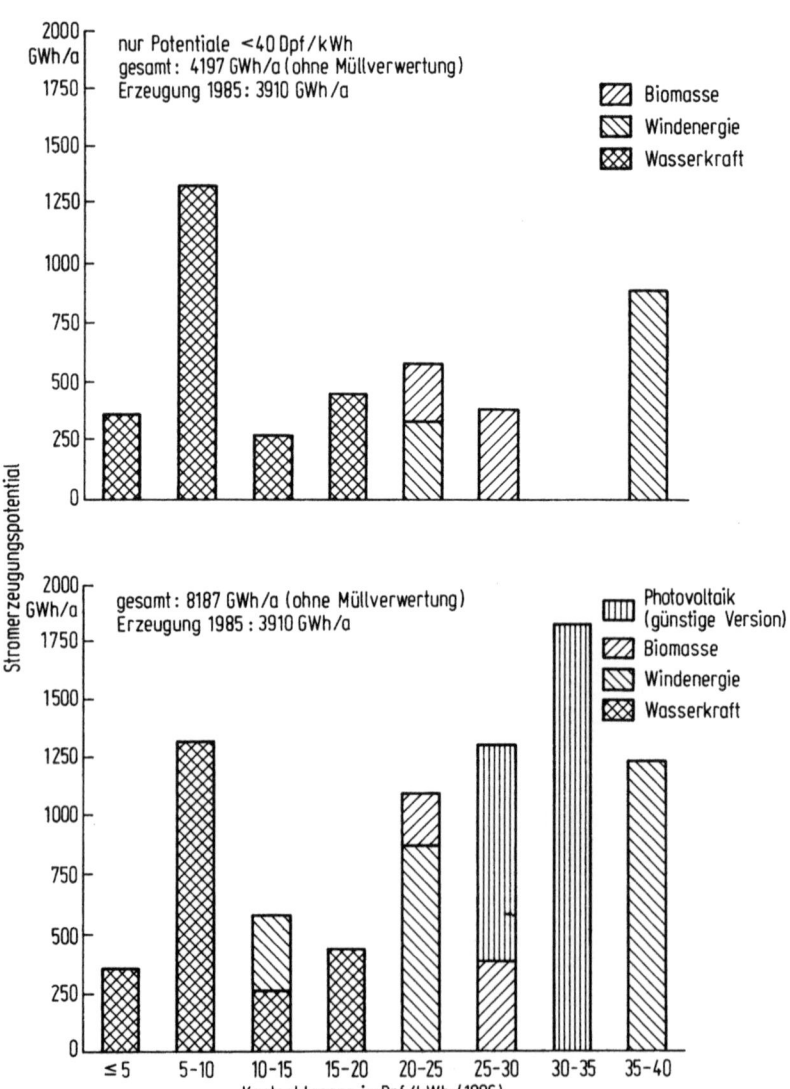

Bild 8.9. Beispiel für die wirtschaftliche Bewertung von Stromerzeugungspotentialen auf der Basis erneuerbarer Energiequellen nach heutigen Kosten (oben) und Kostensenkungen bei Windenergie- und Photovoltaikanlagen bis 2020 (unten). Die zusätzlichen Potentiale wurden für Baden-Württemberg ermittelt. Nach [25]

Photovoltaikanlagen als auch Elektrolyseure modular aufgebaut und kombiniert werden können. Es besteht daher kein ökonomischer Zwang, möglichst große Anlagen zu errichten, da ab einigen MW Leistung (vgl. Bild 8.8) – was nach heutigen Kriterien „dezentralen" Anlagen entspricht – bereits die erreichbare Kostenuntergrenze erreicht sein dürfte. Interkontinentale Transportsysteme bedürfen allerdings großer Leistungen (im GW-Bereich), um kostengünstig zu sein.

„Heutige" Kosten von solar erzeugtem Wasserstoff (rund 3 DM/kWh in unseren Breiten, Tabelle 8.3) entsprechen dem *Hundertfachen* gegenwärtiger Öl- und Gaspreise. Sie sind ein Hinweis darauf, daß es unsinnig wäre, in energiewirtschaftlich bedeutendem Ausmaß sehr früh in den solaren Wasserstoff „einzusteigen". Strategien zur rationellen Energienutzung und zur Erschließung lokaler Potentiale erneuerbarer Energiequellen haben auf absehbare Zeit eindeutig Vorrang, da bei gleichem finanziellem Aufwand wesentlich mehr fossile oder nukleare Energie substituiert werden kann.

8.3 Die Vergütung für Elektrizität aus Solaranlagen

Die Wirtschaftlichkeit einzelner Systeme zur Stromerzeugung hängt nicht nur von den Erzeugungskosten konkurrierender Kraftwerke ab, sondern auch von der Tarifgestaltung und den Vergütungsbedingungen für die Einspeisung in das Versorgungsnetz, da es sich in vielen Fällen um kleine Anlagen handelt, die nicht von überregionalen Elektrizitätsversorgungsunternehmen selbst betrieben werden.

Deckt eine Anlage den kompletten Energiebedarf eines Verbrauchers (was selten der Fall ist), können die gesamten Strompreise (derzeit etwa 24 Pf/kWh für Haushalte) zum Vergleich herangezogen werden. Bei vollständigem Eigenverbrauch und zusätzlichem Bezug ist der Arbeitspreis die maßgebliche Vergleichsgröße (derzeit etwa 15 Pf/kWh). Für Einspeisung ins Netz kann derzeit mit 7 bis 10 Pf/kWh gerechnet werden, je nach „Qualität" der Elektrizität, d. h. der Art und Dauer der täglichen und jahreszeitlichen Einspeisung und der gesicherten Verfügbarkeit der Leistung.

Entsprechend dieser – veränderbaren – Rahmenbedingungen kann beispielhaft etwa das zusätzliche Stromerzeugungspotential mittels erneuerbarer Energiequellen in Baden-Württemberg [25] betriebswirtschaftlich bewertet werden (Bild 8.9). Gegenwärtig wären demnach nur Wasserkraftwerke in verschiedenen Abstufungen nach Größe und Sanierungsmaßnahmen rentabel, für eine komplette, isolierte Energieversorgung in Einzelfällen auch holz- und strohgefeuerte Wärme-Kraft-Kopplungsanlagen und Windkraftanlagen in windgünstigen Gebieten. Entsprechend angenommener zukünftiger realer Kostenreduzierungen verbilligt sich die Stromerzeugung aus Wind und Photovoltaik. Es hängt nun von entsprechenden realen Strompreissteigerungen und veränderten Tarifen (z. B. Verschiebung des Verhältnisses von mengenvariablem Arbeits- zu leistungsvariablem Grundpreis bis hin zu linearen Tarifen) und Einspeisevergütungen ab, welcher Anteil des Potentials als „wirtschaftlich" bezeichnet werden kann. Energiepolitische Spielräume in dieser Hinsicht sind in großem Maße vorhanden (s. z. B. [45, 68, 69]).

9 Volkswirtschaftliche Bewertung der Sonnenenergie

Solare Energien sind durch Qualitäten gekennzeichnet – Umweltverträglichkeit, Unerschöpflichkeit, Risikoarmut –, die fossile und nukleare Energien nicht oder nur eingeschränkt besitzen. Wirtschaftlichkeitsvergleiche sind erst dann vollständig und führen zu optimaler volkswirtschaftlicher Nutzung des eingesetzten Kapitals, wenn sie unter umfassender, gesamtwirtschaftlicher Sicht erfolgen, wenn mithin die genannten Qualitäten in die Betrachtung *und* Bewertung einbezogen werden (vgl. Tab. 9.1 [71]).

Die derzeit gebräuchlichen Energiesysteme stellen offene Energiesysteme dar. Sie produzieren bereits Energie und erwirtschaften Erlöse, *bevor* schwierig kalkulierbare, teilweise unerkennbare Folgekosten

Tabelle 9.1. Ausführlicher Kriterienkatalog zur Bewertung von Energieversorgungssystemen. Unter Benutzung von Vorlagen aus [71].

Technisch-/ökologische Effizienz
— Grad der Energieumsetzung, Wirkungsgrade
— Art und Höhe von Emissionen, Abfällen
— Rohstoff- und Energiebedarf, Land- und Wasserbedarf
Betriebswirtschaftliche Effizienz
— Energiekosten
— Vorleistungen, Investitionen, Amortisationszeiten
Volkswirtschaftliche Effizienz
— Einfluß auf Wirtschaftsstrukturen, Beschäftigungseffekte
— Einfluß auf Handelsbilanz; Exportpotential
— Einfluß auf Siedlungs- und Verkehrsstrukturen
— Ökologische und soziale Schadens- und Vermeidungskosten
Versorgungssicherheit
— Normalbetrieb, Lebensdauer
— Gefährdungspotential, Langfristrisiken
— Flexibilität gegenüber Veränderungen
Soziale Verträglichkeit
— Handlungsspielräume für Politik, Wirtschaft, Bürger
— Verträglichkeit mit demokratischer Grundordnung
— Internationale Verträglichkeit

auftreten. Ein unmittelbarer Zwang, sie zu berücksichtigen, besteht nicht. Zunächst fallen nur Investitionskosten für die Anlagen und Brennstoffkosten an. Der Kapitalrückfluß beginnt, *ohne* daß zuvor in Technologien der kompletten Schadstoffrückhaltung oder Abfallbeseitigung investiert werden mußte.

Hinzu kommt, daß Schadstoffe häufig andernorts – oft mehrere tausend Kilometer entfernt – anfallen. Ihre Auswirkungen auf Umwelt und Menschen sind komplex und nur selten vollständig und unmittelbar nachweisbar. Die kausale Zuordnung zu einzelnen Energiewandlungssystemen ist schwierig. Das Verursacherprinzip kann – selbst wenn es gesamtgesellschaftlich gefordert wird – bestenfalls nur unvollständig eingehalten werden. Selbst wenn zukünftige Entsorgungsaufwendungen erkannt sind, können sie im Rahmen von Kostenbetrachtungen diskontiert werden. Sie sind daher in der Gegenwart nur ein mäßiger Kostenfaktor, die Bürde der Entsorgung bleibt dagegen zukünftigen Generationen vollständig erhalten.

Sonnenenergiesysteme wandeln dagegen Primärenergie in *einem* Schritt in nutzbare Energieformen. Schadstoffe aus der Umwandlung des Energierohstoffes treten nur bei wenigen Prozessen auf (z. B. Abgase bei Biomassenutzung). Nahezu alle erforderlichen Investitionen sind zwingend im Umwandlungssystem enthalten. *Vor* dem Erlös aus der ersten Kilowattstunde stehen demnach die Aufwendungen für das *komplette* Energiesystem fest. Schon aus prinzipiell technischen Gründen wird also bei den meisten Solartechnologien und dem solaren Wasserstoff das Verursacherprinzip zwangsläufig und nahezu vollständig eingehalten. *Vor* Inbetriebnahme der Anlage ist weitgehend überschaubar, welche gesamtwirtschaftlichen Kosten auftreten. Je umfassender die Wiederverwertung von Anlagenmaterialien gelingt, desto vollständiger wird das Verursacherprinzip erfüllt.

In der gegenwärtigen, nicht-ökologischen und auf kurzfristige Erlösmaximierung einzelwirtschaftlich handelnder Subjekte ausgerichteten Volkswirtschaft stellen diese spezifischen Eigenschaften solarer Energiesysteme ein Hemmnis dar. Es kann nur durch langfristig vorausschauendes politisches Handeln *und* Eingreifen in den Wirtschaftsprozeß verringert oder beseitigt werden. Solange Energiepolitik und Energiewirtschaft Umweltschäden sowie Risiken und deren Folgekosten nicht internalisieren oder den umweltverträglichen erneuerbaren Energietechnologien vermiedene Schäden und Risiken in geeigneter Form „gutschreiben", bleiben die Chancen des Aufbaus einer ökologisch verträglichen solaren Energiewirtschaft ungenutzt.

Die Identifizierung und Quantifizierung externer Kosten von Energiesystemen gelingt nur in Einzelfällen vollständig. Relativ einfach und pragmatisch können Kosten der Rückhaltung von Emissionen ermittelt werden, wie die Beispiele Rauchgasentschwefelung oder -entstickung zeigen. Umstrittener sind Beseitigungs- und Wiederaufarbeitungskosten in der Kernenergietechnik. Bisher ermittelte Aufwendungen differieren um eine Größenordnung. Direkte Schäden lassen sich häufig relativ gut in Geldwerten ausdrücken, aber nicht eindeutig einzelnen Verursachern zuordnen. Dies gilt etwa für Waldschäden, bei denen die Wirkungszusammenhänge vielfach noch unbekannt sind.

Der Versuch, Auswirkungen der Energiebereitstellung auf die menschliche Gesundheit, auf die Beeinträchtigung der Artenvielfalt in Fauna und Flora, auf die Stabilität von Biotopen, auf unwiederbringliche Kulturgüter oder – allgemeiner – auf die „Lebensqualität" zu monetarisieren, stößt auf erhebliche Schwierigkeiten und Bewertungsprobleme. Er ist bisher nur in Ansätzen gelungen, denn wie werden die volkswirtschaftlichen Schäden einer globalen Klimaveränderung bewertet (die möglicherweise mittelfristig in einzelnen Regionen auch als „Nutzen" betrachtet werden mögen), wie die Schäden eines potentiellen großen Reaktorunfalls, wie diejenigen der Weiterverbreitung und des Mißbrauchs von Nukleartechnologien?

Es genügt jedoch, derartige Kosten näherungsweise abzuschätzen oder im Zweifelsfall niedrigere Werte einzusetzen. Selbst ihre partielle Berücksichtigung etwa in Form von „Energiesteuern" würde an der Wettbewerbssituation von Energietechnologien viel ändern.

Einige Schätzungen von Schadens- und Folgekosten zeigen die Größenordnung der quantifizierten Anteile [35, 72, 73, 74] (Tab. 9.2), wobei auf die uneinheitliche Definition hinzuweisen ist. Im Falle von [72] und [73] sind nicht nur externe Schäden der Energieversorgung berücksichtigt. Beispielhaft sei die Höhe externer Kosten am Ergebnis der Studie [35] diskutiert (Tab. 9.3). Der Autor gibt zu bedenken: „Auch wenn die vollständige Monetarisierung bestenfalls eine Schätzung sein kann, so kann doch das Wissen um die Mindestsumme der sozialen Nettokosten in jedem Fall zu einer Verbesserung des Allokationsprozesses genutzt werden, der bisher praktisch keine sozialen Kosten berücksichtigt hat."

Vier Bereiche externer Kosten wurden in [35] analysiert, die unter dem Begriff „Soziale Kosten" zusammengefaßt werden:
— Umwelteffekte einschließlich ihrer Auswirkungen auf die menschliche Gesundheit,
— direkte und indirekte staatliche Subventionen,
— vorzeitige Erschöpfung begrenzter Ressourcen,
— makroökonomische Auswirkungen wie Bruttosozialproduktveränderung, Beschäftigungseffekte u. ä.

9 Volkswirtschaftliche Bewertung der Sonnenenergie

Tabelle 9.2. Verschiedene Angaben zu Schadens- und Folgekosten des Wirtschaftsprozesses; die Definitionen sind uneinheitlich. Nach [35, 72, 73, 74].

Bundesrepublik

Wicke, 1987:	Umweltschäden (Luft, Wasser, Boden)	„weit über" 103 Mrd. DM
Leipert, 1987:	Defensive Kosten der Schadens- und Nachteilregulierung (Umwelt, Verkehr, Wohnen, Gesundheit)	1970 = 59 Mrd. DM (5% des BSP) 1985 = 137 Mrd. DM (9% des BSP)
Hohmeyer, 1988:	Soziale Kosten der Elektrizitätserzeugung (Umweltschäden, öffentl. Dienstleistungen, Fördermittel, Subventionen, Ausbeutungszuschlag)	5,3–11,9 Pf/kW$_{el}$

Welt

Award/Veziroglu, 1984:	Externe Kosten fossiler Brennstoffe (Mittelwert, ohne Treibhauseffekt)	7,5 Pf/kWh

Tabelle 9.3. Soziale Kosten der Elektrizitätserzeugung nach [35]. Berücksichtigt sind Umweltschäden, ein Ausbeutungszuschlag für endliche Energiereserven, öffentliche Dienstleistungen, sowie Fördermittel und Subventionen.

Fossile Erzeugung:	3,86– 8,81
Nukleare Erzeugung:	9,71–20,83
Mischwert in BRD:	5,35–11,88
Windenergie:	0,27– 0,56
Photovoltaik:	0,96– 1,48
Nettonutzen	
— Windenergie	5,08–11,32
— Photovoltaik	4,39–10,40
dto., unter Einbeziehung makroökonomischer Nettoeffekte (gerundet)	
— Windenergie	5,6 –12,3
— Photovoltaik	6,8 –17,1

Nicht quantifiziert sind psychosoziale Kosten, ästhetische Beeinträchtigungen und ähnliche immaterielle Werte sowie alle Folgen aus Klimaveränderungen und aus der nuklearen Brennstoffaufbereitung. Untersucht wurde die Elektrizitätserzeugung in der Bundesrepublik Deutschland. Ihre externen – also gegenwärtig in der Kostenberechnung nicht vorkommenden – Aufwendungen belaufen sich bei der fossilen Energieerzeugung auf 4 bis 9 Pf/kWh$_e$, bei der nuklearen auf 10 bis 21 Pf/kWh$_e$ und liegen damit in der Größenordnung der derzeitigen Erzeugungskosten. Die sozialen Kosten der Stromerzeugung aus Wind und Photovoltaik sind dagegen um eine Größenordnung geringer, so daß ein Nettonutzen gegenüber fossiler oder nuklearer Stromerzeugung von 4 bis 11 Pf/kWh$_e$ entsteht. Addiert man die durch die Solartechniken ausgelösten wirtschaftlichen Nettoeffekte hinzu, so erhöht sich der Nettonutzen auf 6 bis 17 Pf/kWh$_e$. Die gegenwärtige Stromerzeugung verursacht also aus volkswirtschaftlicher Sicht etwa doppelt so hohe Kosten, wie derzeit betriebswirtschaftlich errechnet wird.

Die Nichtinternalisierung sozialer Kosten führt – im Sinne eines volkswirtschaftlichen Optimums – zu einer Fehlleitung von Geldmitteln und Ressourcen und so mittel- bis längerfristig auch zu relativ geringerem sozialen Wohlstand. Die Marktdiffusion umweltneutraler, erneuerbarer Energietechnologien verzögert sich oder wird erschwert. Weil an der Schwelle zur Wirtschaftlichkeit, ist dies für die Windenergie (Bild 9.1), aber auch für solarthermische Anlagen, bereits von unmittel-

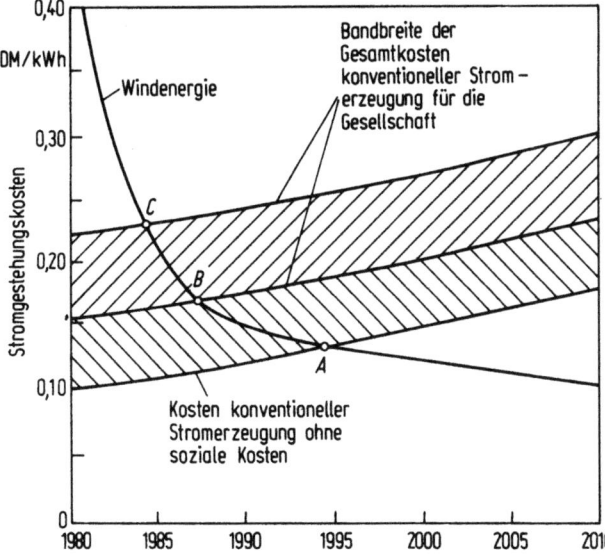

Bild 9.1. Vergleich der Stromerzeugungskosten von Windenergie und konventioneller Stromerzeugung ohne Berücksichtigung sozialer Kosten (untere Kurve) und bei Berücksichtigung einer Bandbreite sozialer Kosten (mittlerer und obere Kurve). Bei ihrer Berücksichtigung im Strompreis wäre Strom aus Windenergie bereits wirtschaftlich konkurrenzfähig (Schnittpunkte C und B). Nach [35]

barer Bedeutung. Ein Ausgleich der unterschiedlich hohen sozialen Kosten – etwa über Energiesteuern auf fossile und nukleare Stromerzeugung – würde sie in vielen Einzelfällen wirtschaftlich machen.

Im Beispiel der Windenergie wäre der Zeitpunkt betriebswirtschaftlicher Rentabilität von Punkt A (1995) je nach Höhe der Berücksichtigung externer Kosten auf die Zeitpunkte B (1987) oder C (1984) verschoben, d. h. im Fallbeispiel wäre Windenergie bereits heute wirtschaftlich. Für die Photovoltaik oder gar solaren Wasserstoff reicht dieser Ausgleich noch nicht zur Wettbewerbsfähigkeit, könnte aber zu verstärkten Anreizen zu ihrer beschleunigten Markteinführung führen, etwa durch Ausweitung von Einsatznischen.

Die aufgezeigten Beispiele aus dem Energiebereich sind Teil einer notwendigen umfassenden Änderung in der Bewertung menschlichen Wirtschaftens und des Umgangs mit Natur und Umwelt. Bisher als frei und damit kostenlos aufgefaßte Güter – Luft, Wasser, Boden, ganz allgemein „Natur" – werden knapp, geschädigt oder entwertet.

Frühere Generationen konnten nach der Zerstörung lokaler Ökosysteme und der Erschöpfung lokaler Ressourcen ausweichen, die vorgegebenen „Grenzen" scheinbar überwinden durch die Erschließung und Ausbeutung anderer Kontinente. Heute wird der gesamte Globus in immer stärkerem Maße von einer wachsenden Menschheit beansprucht, große Teile des Weltökosystems sind überbeansprucht, manche bereits irreversibel zerstört. Damit steigen Schäden – „soziale Kosten" – in einem Maße und in einer Beschleunigung, die kein quantitatives Wachstum herkömmlicher Art einholen, geschweige denn kompensieren kann. Das eingeübte und bisher in der Ausnutzung von Ressourcen, in der Güterproduktion und der Erwirtschaftung sozialen Wohlstandes in den Industrieländern recht erfolgreiche Wirtschaftssystem muß neue Parameter berücksichtigen, mehr noch, muß sie in ihrer Gewichtung über bisher übliche stellen. Für Wirtschaft und Politik erwachsen hieraus Aufgaben, gegen die noch zu lösende technische Probleme – hier am Beispiel der Energieversorgung aufgezeigt – relativ gering erscheinen.

10 „Solarindustrie" als Wirtschaftsfaktor

10.1 Modellfall Windenergie

Das bereits genannte „lokale" Potential der Sonnenenergienutzung von rund 70 Mio t SKE/a Primärenergieäquivalent besteht aus ca. 40% Wärme und 60% Strom. Im Wärmebereich entfällt die eine Hälfte der Energieproduktion auf Kollektoren und die andere auf Wärmepumpen und Verbrennungsanlagen (Holz/Stroh, Biogas, Müll). Auf der Stromseite sind Photovoltaik (47%), Wasserkraft (23%) und Wind (17%) die wichtigsten Erzeuger.

Grundvoraussetzung für die Ausschöpfung dieser Potentiale ist, daß die entsprechenden Anlagen tatsächlich in der erforderlichen Anzahl gebaut werden können, d. h. in der Industrie entsprechende *Produktionskapazität* vorhanden sind oder rasch genug entwickelt werden können. Solche Kapazitäten werden nur geschaffen, wenn ein gesicherter Absatzmarkt für die Produkte erkennbar ist. Dieser Markt kann beispielsweise im Fall der Windenergie je nach Mischung der Anlagentypen zwischen 10 und 15 GW installierte Leistung (entsprechend 20 TWh/a Elektrizitätserzeugung) betragen (vgl. Tab. 3.11). Typischerweise kann die Markterschließung modellhaft mittels logistischer Wachstumskurven beschrieben werden. Das Wachstum nach einer logistischen Kurve hat am Anfang exponentiellen Charakter und geht nach Durchschreiten eines Wendepunktes bei Erreichen der Marktsättigung auf Null zurück. Der Verlauf der Kurve und damit auch der Zeitpunkt, mit dem die Sättigungsgrenze erreicht wird, hängt vom Verhältnis von Anfangs- und Maximalwert und der anfänglichen Wachstumsrate ab.

Unterstellt man für die Windenergie ein solches logistisches Wachstum und geht vom gegenwärtigen Bestand an Windenergiewandlern (ca. 8000 kW) aus, so zeigt sich, daß der größte Teil der zu bauenden Windenergiewandler erst nach dem Jahr 2000 errichtet wird (Bild 10.1a). Bis zum Jahr 2000 sind höchstens 10% des Marktes erschlossen. Die Produktionszahlen steigen von wenigen Megawatt pro Jahr auf ca.

300 MW/a im Jahr 2000 und danach auf über 1200 MW/a (Bild 10.1 b) an, um sich danach, je nach Lebensdauer der Anlagen oder anderweitiger Nachfrage (z. B. Export; in der Modellrechnung nicht betrachtet) auf ein bestimmtes Niveau einzupendeln.

Der Kapazitätsaufbau vollzieht sich stetig und dürfte die Industrie der Bundesrepublik Deutschland vor keine nennenswerten Probleme stellen. Bei Windkraftanlagen handelt es sich um eine „mittlere" Technologie, die von vielen Unternehmen aller Größenordnungen, die über entsprechendes Fachwissen und Produktionsstätten verfügen, beherrscht werden kann. Verwandte Techniken sind z. B. Großmotoren, Generatoren, Boots- und Kleinflugzeugbau, um nur wenige zu nennen. Solarindustrie bedeutet also im Fall der Windkraftanlagen keine spezialisierte Industriebranche, sondern zum überwiegenden Teil eine höhere Auslastung und/oder Diversifizierung der bestehenden Elektro- und Maschinenbauindustrie. Spezielle Windenergieunternehmen wird es vor allem für Planung, Auslegung und Systementwicklung von einzelnen Windkraftanlagen bis hin zu „Windparks" geben.

Eine zu installierende Windleistung von 300 MW/a entspricht je nach Art und Größe der Anlage einem Produktionsvolumen von 12000 bis 25000 t Hardware. Das sind zwischen 5 und 10% dessen, was 1987 in der Bundesrepublik Deutschland allein an Elektromotoren und Generatoren produziert wurde. Man kann daher annehmen, daß solche Kapazitäten von einer entsprechend motivierten Industrie leicht aufgebaut werden können.

Die *Entwicklung der Produktionskosten* von den hohen Stückkosten der Einzel- und Kleinserienfertigung bis hin zu denen einer Massenfertigung kann mit Hilfe von Lernkurven beschrieben werden. Eine Lernkurve beschreibt den Zusammenhang zwischen Stückkosten und der insgesamt produzierten Anzahl eines Produkts (vgl. auch Tab. 8.2 [59]). Man spricht z. B. von einer 90%-Lernkurve, wenn bei einer Verdoppelung der kumulierten Produktion die Stückkosten um 10% des

Bild 10.1. Aufbau einer „Solarindustrie" am Beispiel des Zubaues von Windenergieanlagen bis zur Erreichung des lokalen Potentials. **a** Modellhafte Entwicklung der installierten Leistung von Windenergieanlagen, um im Jahr 2020 rund 20 TWh/a Strom bereitstellen zu können. **b** Erforderliche jährliche Produktion von Windenergieanlagen für den Modellfall in a) ohne Erschließung weiterer Märkte. **c** Mit der Produktionssteigerung verbundene Verringerung der spezifischen Investitionskosten, wenn bei der Verdopplung der Produktion die Kosten um 5% sinken. **d** Stromerzeugungskosten der betreffenden Windenergieanlagen und Vergleich mit denjenigen von Kohlekraftwerken. Annahmen: Abschreibungsdauer: 20 Jahre, realer Zinssatz: 4%, Kohlepreissteigerung: 3%/a, Nennlaststunden: Windenergie 1400 h/a, Kohle 7000 h/a

10.1 Modellfall Windenergie

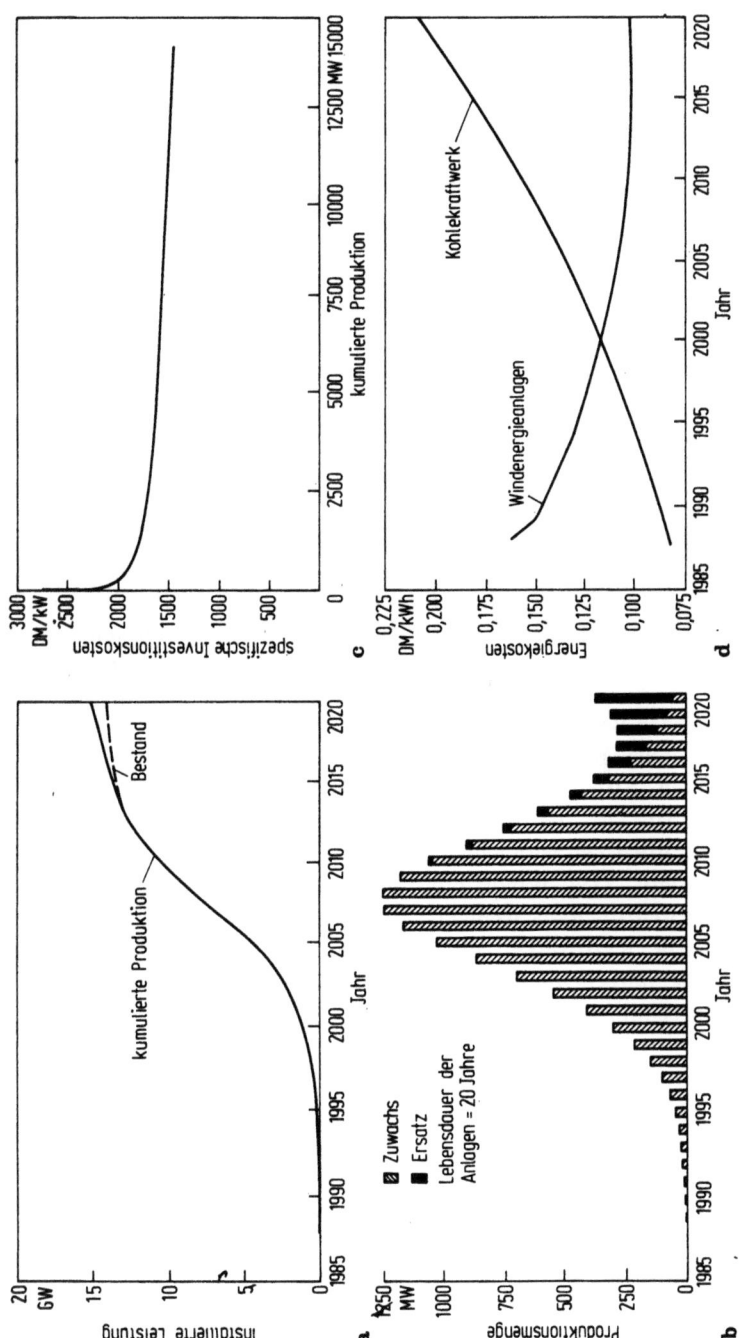

Ausgangswertes vor der Verdoppelung gesenkt werden können. Für Windkraftanlagen wurde eine 95%-Lernkurve angenommen – ein sehr vorsichtiger Ansatz –, nach der sich die Kosten beim Erreichen des Ausbauziels etwa halbiert haben werden (Bild 10.1c). 50 bis 70% dieses Kostenreduktionspotentials werden aber bereits in der Anlaufphase realisiert, noch *bevor* 10% Marktdurchdringung erreicht sind. Deshalb ist gerade in der Anfangsphase eine kontinuierliche Förderung der Markteinführung hilfreich, auch wenn nur ein kleiner Teil des Gesamtpotentials ausgeschöpft werden kann.

Aus der Produktions- und Kostenentwicklung ergibt sich direkt der *Umsatz der Windindustrie*. Er steigt in der Modellrechnung von ca. 15 Mio DM im Jahr 1990 auf fast 2 Mrd DM pro Jahr um das Jahr 2005. 2 Mrd DM entsprechen ungefähr 1% des Bruttosozialprodukts, was bedeutet, daß eine Windenergie-Industrie zwar keine überragende volkswirtschaftliche Bedeutung erlangen kann, aber sicherlich dazu beiträgt, in vorhandenen Industrien die Beschäftigung zu stabilisieren. Nach einer einfachen Abschätzung wird pro 100000 DM Umsatz im Maschinenbau ein Arbeitsplatz geschaffen, wobei alle Vorstufen von der Grundstoffindustrie an eingeschlossen sind. Durch die Produktion allein von Windenergieanlagen in dem genannten Umfang könnten somit bis zu 20000 Arbeitsplätze geschaffen werden. Dazu kämen noch einmal einige tausend Arbeitsplätze für die Wartung und Instandhaltung des wachsenden Bestandes.

Abschließend sind die mittels der Lernkurve des Bildes 10.1c erreichten *Stromgestehungskosten* von Windkraftanlagen dargestellt (Bild 10.1d, vgl. die Anmerkungen zu Bild 9.1) und mit denen von Kohlekraftwerken verglichen, wobei sich ein Schnittpunkt um das Jahr 2000 ergibt. (Da Windenergieanlagen aufgrund des fluktuierenden Windenergieangebots weniger „sicheren" Strom produzieren als konventionelle Kraftwerke, muß für genaue Kostenvergleiche allerdings auch die anrechenbare „gesicherte" Leistug solcher Anlagen in die Kostenrechnung einbezogen werden.)

10.2 Solarkollektoren

Vor zehn Jahren wurden in der Bundesrepublik Deutschland etwa 80000 m²/Jahr Solarkollektoren hergestellt und installiert. Mittlerweile ist diese Zahl auf ca. 20000 m² zurückgegangen, der Gesamtbestand liegt heute bei etwa 200000 m² oder 0,2 km². Um das ermittelte Potential an solarer Wärme auszuschöpfen (Tab. 3.5), wären über 300 km² Kollektoren zu installieren. Der logistische Ansatz führt in diesem Fall zu Produktionszahlen von 0,1 bis 1 km²/a in den nächsten fünf Jahren und bis zu 20 km²/a nach der Jahrtausendwende. Die Produktion von Flachheizkörpern und Radiatoren, sozusagen den nächsten Verwandten des Solarkollektors, betrug 1985 ca. 12 km². Die maximale Produktion von etwa 20 km²/a (entsprechend einem Umsatz von rund 6 Mrd DM/a) stellt für die einschlägige Industrie also zwar eine beträchtliche Erweiterung der Produktionskapazität, jedoch keine neue Dimension dar. Sie kann bei Vorhandensein eines entsprechenden Marktes auch ohne staatliche Hilfestellung erreicht werden. Durch Diversifizierung in verwandten Bereichen und Reaktivierung ehemals existierender Kapazitäten ließe sich die Produktion auch kurzfristig erhöhen. Unerläßlich für einen kontinuierlichen Aufbau ist aber auch hier ein gesicherter, wachsender Absatzmarkt, dessen Anlaufen durch entsprechende Markteinführungshilfen in Gang gesetzt werden müßte.

10.3 Ausblick

Ein nicht unbeträchtlicher Anteil der wirtschaftlichen Aktivitäten einer Volkswirtschaft wird eingesetzt, um Energieversorgungssysteme zu errichten, aufrechtzuerhalten und zu erweitern und – im Falle der Bundesrepublik Deutschland – Energierohstoffe zu importieren. Vor der Energiepreiskrise betrug dieser Anteil rund 4% des gesamten Produktionswertes der Wirtschaft, er stieg bis 1983 auf etwa 5,6% und liegt heute bei 5%. Die gesamten Investitionen der Energiewirtschaft belaufen sich derzeit auf rund 20 Mrd DM/a; für den Import von 150 Mio t SKE/a Erdöl und Erdgas wurden 1988 rund 30 Mrd DM/a ausgegeben [75, 76]. Die staatlichen Unterstützungen für die Energiewirtschaft betragen (einschließlich aller Subventionen, z. B. bei Kohle) etwa 20 Mrd DM/a, [77].

Entsprechend des in Zukunft erwarteten oder aus ökologischen Gründen erzwungenen höheren Energiepreisniveaus werden diese Aufwendungen real ansteigen. Kapitalintensivere Anlagen werden in den Umwandlungs- und Nutzungsbereich eindringen, darunter eben auch Solartechnologien, und die Kapitalaufwendungen vom Einkauf fossiler Energierohstoffe stetig weiter zu Anlageninvestitionen verlagern.

Soll der in Tab. 6.1 angenommene Aufbau von Solartechnologien bei gleichzeitig verstärkter rationeller Energieausnutzung bis zum Jahr 2020 verwirklicht werden, so hätte dies eine deutliche Reduktion der Marktanteile fossiler und nuklearer Energien zur Folge. In diesen Bereichen fielen daher mit sinkendem Anteil lediglich noch Erhaltungs-

und – im Falle der Kernenergie – Abbaukosten an, während die Erweiterungs- und Erneuerungsinvestitionen im Bereich rationeller Energienutzung und Solartechnologien stattfänden. Zur Zeit maximaler Zubauraten entsprechend dem logistischen Wachstumsmodell (um 2005) betrügen diese Investitionen allein für die Ausweitung der Solartechnologien rund 20 Mrd DM/a.

Die heutige „Fossil- und Nuklearindustrie" wäre zu großen Teilen durch eine „Solarindustrie" ähnlicher Wirtschaftskraft und -bedeutung ergänzt bzw. ersetzt. Neue Industriezweige hätten sich etabliert, viele davon in mittelständischer Größenordnung, eingeführte Branchen hätten sich neuer Produkte angenommen. Fortschrittliche Technologien hätten zahlreiche Exportchancen – die unproblematisch wahrgenommen werden könnten – innerhalb und außerhalb Europas. Eine stetige Nachfrage würde zu ständiger Weiterentwicklung und Verbesserung der solaren Energietechnologie führen, Umweltentlastungen würden sich deutlich bemerkbar machen. Kommunen und ihre Bürger wären, weil in Planungs- und Entscheidungsprozesse der lokalen Energieversorgung eingebunden, sehr viel energiebewußter; die „Energielandschaft" wäre ingesamt wesentlich vielgestaltiger und farbiger geworden.

11 Zur öffentlichen Förderung erneuerbarer Energiequellen

Erst rund 15 Jahre – seit der Energiepreiskrise des Jahres 1973 – werden Technologien zur Nutzung erneuerbarer Energiequellen in der Bundesrepublik Deutschland systematisch erforscht und entwickelt. Der Wechsel zwischen kurzfristiger Entspannung der energiepolitischen Situation und weiteren Krisen (Waldsterben, zweite Energiepreiskrise, Reaktorkatastrophen, Klimaveränderung) hat sich auch in den öffentlichen Förderprogrammen und Markteinführungshilfen niedergeschlagen (Bild 11.1, Tab. 11.1 [78–82]). Dies war einer konsequenten und

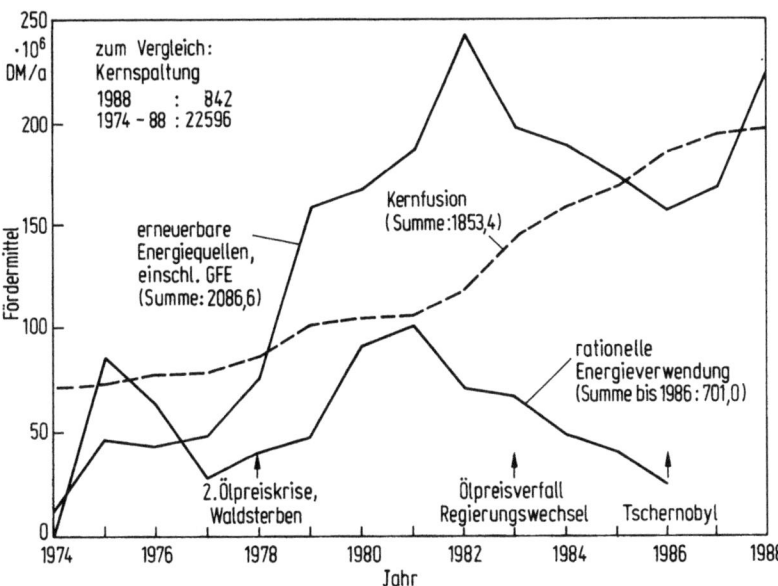

Bild 11.1. Zeitlicher Verlauf der Fördermittel des Forschungsministeriums (BMFT) für „Erneuerbare Energiequellen" und „Rationelle Energieverwendung" von 1974 bis 1988 und Vergleich mit den Fördermitteln für die Kernfusion und die Kernspaltung. Nach [78, 79, 81, 82]

Tabelle 11.1. Aufstellung der öffentlichen Fördermittel im Bereich der Energieforschung seit 1956, gegliedert nach fossilen Energiequellen, Kernspaltung, Kernfusion, Erneuerbare Energiequellen (einschließlich Energiespeicher sowie rationelle Energieverwendung. Nach [78, 79, 80, 82].

	1956–1973	1974–1988	1956–1988	1988
Kohle und andere fossile Energiequellen	n. b.	3730	3730	214,4
Kernspaltung	12429	22596	35025	842,0
Kernfusion	n. b.	1853	1853	197,3
Erneuerbare Energiequellen[a]	—	2269	2269	260,1
Rationelle Energieverwendung	—	815	815	ca. 40
Summe	12429	31263	43692	1554
Anteil Erneuerbare (%)	—	7,3	5,2	16,7

[a] einschl. Energiespeicher   n. b. = nicht bekannt

zielstrebigen Entwicklung nicht eben förderlich. Plötzliche Förderbereitschaft hatte gelegentlich wenig durchdachte oder voreilig gebaute Pilotanlagen zur Folge, darauffolgende Rückschläge oder schwindendes Interesse an erneuerbaren Energien ließen viele aussichtsreiche Entwicklungen wieder verkümmern und erschwerten das Zusammenhalten von Forschungs- und Entwicklungsteams. Der Energiepreisverfall der letzten Jahre tat ein übriges.

Nur in wenigen Ländern, die sich längerfristig und energischer auf die Förderung erneuerbarer Energiequellen festlegten, sind Ansätze „solarer" Industrien entstanden (z. B. Dänemark: Windenergie. Biogasanlagen; Schweden: solarthermische Kollektoren; Kalifornien: verschiedene Kraftwerkstechnologien, Photovoltaik, stark gefördert durch sehr erfolgreiche privatwirtschaftliche Initiativen). Seit der Reaktorkatastrophe von Tschernobyl und der Diskussion über drohende Klimaveränderungen erfahren erneuerbare Energiequellen allerdings auch bei uns wieder eine deutlich verstärkte Förderung der öffentlichen Hand sowohl auf Bundes- wie auf Landesebene. Eine Reihe neuer Forschungsinstitute wurde gegründet.

Eine in der Vergangenheit konsequentere Förderung, vor allem jedoch Unterstützung der Markteinführung und Beseitigung von Hemmnissen, hätte zwar zum gegenwärtigen Zeitpunkt vermutlich auch nicht zu wesentlich größeren Deckungsbeiträgen erneuerbarer Energiequellen am Energiebedarf geführt – dafür waren die Einführungszeiten zu kurz –, aber sie hätten vielen Solartechnologien geholfen, aus den

11 Zur öffentlichen Förderung erneuerbarer Energiequellen

„Startlöchern" herauszukommen, in denen sie teilweise schon länger verharren. Sie wären in den wichtigen Prozeß der stetigen, praxisnahen Weiterentwicklung eingetreten, der allein rasche Lern- und Erfahrungsgewinne verspricht und der durch wachsende Marktvolumina und unternehmerische Aktivitäten zu deutlichen Kostensenkungen führen kann. Dieser Anstoß ist bisher unterblieben.

Bloßes Beschränken auf Forschung und Entwicklung im marktfernen Raum, so unerläßlich sie sind, mit Hinweisen auf gegenwärtig nicht vorhandene betriebswirtschaftliche Rentabilität, reicht nicht aus, erneuerbaren Energiequellen in absehbarer Zeit merkliche Anteile des Energiemarktes zu erschließen. Verstärkte Sonnenenergienutzung ist gegenwärtig nicht so sehr eine Frage des technischen Könnens, obwohl sie natürlich in vielen Bereichen der Weiterentwicklung von Techniken bedarf, sie ist vielmehr eine Frage des allgemeinen politischen und energiepolitischen Wollens.

Literatur

1. H. Vossebrecker: Risikofaktor Energieversorgung. Energiewirtsch. Tagesfragen 38 (1988), Heft 2.
2. Dt. Bundestag: Schutz der Erdatmosphäre. Eine internationale Herausforderung. Zwischenbericht der Enquete-Kommission. Bonn, Dezember 1988.
3. Dt. Meteor. Ges.; Dt. Phys. Ges.: Warnung vor drohender weltweiter Klimaveränderung durch den Menschen. Bad Honnef, Juni 1987.
4. C. J. Winter; J. Nitsch (Hrsg.): Wasserstoff als Energieträger – Technik, Systeme, Wirtschaft. 2. Aufl., Springer, Berlin, Heidelberg 1988.
5. Forschungsstelle d. Evang. Studiengemeinschaft: Tschernobyl – Folgen und Folgerungen. Heidelberg, Oktober 1986.
6. A. Recknagel: Bedroht die Kernenergie unsere Freiheit? C. H. Beck, München 1983.
7. K. M. Meyer-Abich; B. Schefold: Die Grenzen der Atomwirtschaft. Beck, München 1986.
8. J. Goldemberg u. a.: Energy for a Sustainable World. Wiley & Sons, New York 1988.
9. T. Morovic u. a.: Energy Conversation Indicators. Bericht für d. Europ. Gemeinschaft. Springer, Berlin, Heidelberg 1987.
10. F. Garnreiter u. a.: Produktstrukturwandel und technischer Fortschritt als Bestimmungsgrößen des spezifischen Energieverbrauchs in energieintensiven Industriezweigen. Untersuchung i. Auftr. d. BMWi, Karlsruhe 1985.
11. W. Kretschmer; B. Stoy: Der industrielle Strom- und Brennstoffverbrauch. Energiewirtsch. Tagesfragen (1987), Hefte 9 und 10.
12. H. Schaefer: Ist Energiesparen noch aktuell? Energiewirtsch. Tagesfragen 36 (1986), Heft 4.
13. Energiegutachten Baden-Württemberg, Arbeitspaket III: Rationelle Energieverwendung (Federführung: Forschungsstelle f. Energiewirtschaft, München). Stuttgart, September 1987.
14. W. Feist: Stromeinsparungspotentiale bei den privaten Haushalten in der BRD. In: D. Sievert (Hrsg.): Zukünftiger Strombedarf. Schriftenreihe der GEE. Verlag TÜV Rheinland, Köln 1987.
15. W. Feist: Bauliche und städtebauliche Maßnahmen zur Energieeinsparung für Neubaugebiete. Tagungsband: Energiebewußte Bauleitplanung in Neubaugebieten Ende 1986. Wiesbaden, Darmstadt, August 1987.
16. H. Hlawiczka: Umwelt schützen durch Energiesparen. Sonnenenergie 5/85, Seiten 3–8.
17. E. Jochem: Rationelle Energieumsetzung in den Industrieländern – Praxis und zukünftige Chancen. Vortrag auf 53. Physikertagung. Bonn, März 1989.

18. W. Ebel: Die Entwicklung des zukünftigen Strombedarfs der privaten Haushalte in der BRD. Institut Wohnen und Umwelt, Darmstadt 1987.
19. B. Stoy: Stromanwendung zwischen Innovation und Prohibition. In: D. Sievert (Hrsg.): Zukünftiger Strombedarf. Schriftenreihe der GEE. Verlag TÜV Rheinland, Köln 1987.
20. Th. Jobsky; M. Pohlmann: Der industrielle Strombedarf im Jahre 2000. Bericht der KFA Jülich, Jül-Spez-398, Mai 1987.
21. E. Jochem u. a.: Zum Einfluß technisch-wirtschaftlicher Rahmenbedingungen auf die Anwendungspotentiale neuer Technologien (Rationelle Energieverwendung). BMFT-Forschungsbericht T86-063, Bonn 1986.
22. E. Stratmenn u. a.: Das Grüne-Energiewende Szenario 2020. Volksblatt-Verlag, Köln, April 1989.
23. J. Klien: Zukünftige Entwicklungen und Möglichkeiten von Fernwärmesystemen bei geringen Wärmedichten. Vortrag bei AK Fernwärme der Regionalkonferenz Emscher-Lippe, Dorsten, 14. Februar 1989.
24. H. E. Brachetti u. a.: Untersuchung zur rationellen Wärmeversorgung im Niedertemperaturbereich unter besonderer Berücksichtigung des Einsatzes der Fernwärme in Niedersachsen. Kurzfassung. Studien i. Auftr. d. Niedersächs. Min. f. Wirtschaft u. Verkehr, Hannover 1983.
25. Energiegutachen Baden-Württemberg, Arbeitspaket V: Erneuerbare Energiequellen (Federführung: DFVLR Stuttgart). Stuttgart, September 1987.
26. Scandinavian Solar: Major Steps forward in Solar Energie Technologies in Recent Years. Göteborg 1986.
27. G. Deuster: Bedeutung der Fernwärme im Niedertemperaturbereich. Energiewirtsch. Tagesfragen 36 (1986), Heft 11.
28. J. Nitsch; T. Schott: Ausbau von Sekundärenergiesystemen in der BRD bis 2000. AGF-ASA-Studie i. Auftr. d. BMFT, Köln 1981.
29. H. Holzapfel u. a.: Autoverkehr 2000. Alternative Konzepte 51. Müller, Karlsruhe 1985.
30. J. Nitsch; H. Klaiß: Technische und wirtschaftliche Potentiale rationeller Energieverwendung. 52. Physikertagung, Karlsruhe, März 1988.
31. Prognos-Institut: Einschätzung erneuerbarer und rationeller Energietechniken in bisherigen Energiebedarfsprognosen. Bericht i. Auftr. d. BMFT. Prognos, Basel, November 1987.
32. U. Höpfner u. a.: Pkw, Bus oder Bahn? Schadstoffemissionen und Energieverbrauch im Stadtverkehr 1984 und 1995. Studie des IFEU-Instituts Heidelberg Nr. 48, 1988.
33. Expertengruppe Energieszenarien: Möglichkeiten, Voraussetzungen und Konsequenzen eines Ausstiegs der Schweiz aus der Kernenergie. Studie, Bern, Februar 1988.
34. H. C. Cheng; M. Steinberg u. a.: Effect of Energy Technology on Global CO_2-Emissions. Bericht DOE/NBB-0076 des Brookhaven Nat. Lab., New York, April 1986.
35. O. Hohmeyer: Social Costs of Energy Consumption. Springer, Berlin, Heidelberg 1988.
36. C. J. Winter; J. Nitsch: Sonnenenergie – ihr Beitrag zur künftigen Energieversorgung und besonders zur Stromversorgung der BRD. Vortragsmanuskript, Stuttgart, September 1986.
37. E. Jochem u. a.: Technologiefolgenabschätzung am Beispiel der Solarenergienutzung. Lang, Frankfurt 1988.
38. DIW, Berlin; FhG-ISI, Karlsruhe: Abschätzung des Potentials erneuerbarer

Energiequellen in der BRD. Studie i. Auftr. d. BMFT. Berlin/Karlsruhe, Oktober 1984.
39. Forschungsstelle f. Energiewirtschaft: Daten und Fakten für die Nutzung regenerativer Energiequellen in der BRD. Zusammenstellung i. Auftr. d. BMFT. München, Juli 1986.
40. Potential regenerativer Energiequellen. Studie der KFA Jülich, Jül-Spez-156, Jülich 1982.
41. S. Kohler; J. Leuchtner; K. Müschen: Sonnenenergie-Wirtschaft. Fischer, Frankfurt 1987.
42. U. W. Muntwyler; J. Jenni: Netzgekoppelte Solaranlagen. 6 Int. Sonnenforum, Band II, S. 448–452. Berlin, September 1988.
43. G. Gronbach: Verfahren der Biogaserzeugung und Vorschlag zur Nutzung in einem Dorf. Diplomarbeit. Inst. f. Landtechnik, Univ. Hohenheim, Stuttgart, September 1983.
44. W. Petersen, Zentrale Güllelagerung und Biogaserzeugung in Dänemark. Elektrowärme Internat. 46 (1988), Seiten A167–A170.
45. J. Nitsch; H. Klaiß: Vorschlag für ein Förderkonzept der Landesregierung über den verstärkten Einsatz erneuerbarer Energiequellen. Stuttgart, April 1988.
46. T. Schott; J. Molly u. a.: Perspektiven der Windenergienutzung in der BRD. Studie f. d. Förderges. Windenergie, Kiel, Juli 1988.
47. G. Tetzlaff; S. Theunert u. a.: Meteorologische Messungen zur Standortauswahl für Windenergieanlagen im Küstengebiet. BMFT-Forschungsbericht T84-017.
48. H. v. Bierbrauer; H. Ernst u. a.: Darstellung realistischer Regionen für die Einrichtung insbesondere großer Windenergieanlagen in der Bundesrepublik Deutschland. BMFT-Forschungsbericht T-85-053.
49. H. G. Beyer; J. Luther: Abschätzung des Windenergiepotentials im Küstenbereich der Bundesrepublik Deutschland. Arbeitsbericht, Universität Oldenburg 1989.
50. I. Troen; N. G. Mortensen; E. L. Petersen: Wind Atlas Analysis and Application Program, Uses Guide. Risø National Laboratory, Roskilde, Denmark 1988.
51. I. Troen; E. L. Petersen: European Wind Atlas. Risø National Laboratory, Roskilde, Denmark 1989.
52. C. J. Winter; J. Nitsch; H. Klaiß: Sonnenenergie – ihr Beitrag zur zukünftigen Energieversorgung der BRD. Brennstoff-Wärme-Kraft 35 (1983), Heft 5, Seiten 243–254.
53. R. Valentin: Netzbelastung und Anforderungen an Kraftwerke. VDI-Bericht 652. VDI-Verlag, Düsseldorf 1987.
54. H. G. Beyer; J. Luther; R. Steinberger: Zur Fluktuation des Leistungsangebots in elektrischen Versorgungsnetzen bei hoher Einspeisung von Energie aus Solar-/Wind-Quellen. 53. Physikertagung Bonn, März 1989.
55. B. Y. H. Liu; R. C. Jordan: The Long-Term Average Performance of Flat-Plate Solar Energy Collectors. Solar-Energy, 7 (1963), Seite 35.
56. Vereinigung Deutscher Elektrizitätswerke: Jahresbericht 1982, Materialien. Frankfurt 1982.
57. Verein Deutscher Ingenieure: Wasserstoff-Energietechnik II. VDI-Bericht 725. VDI-Verlag, Düsseldorf 1989.
58. Zentrum für Sonnenenergie- und Wasserstofforschung (ZSW) und DFVLR: Brennstoffzellen. Vorträge. Stuttgart, April 1989.

59. E. Hau: Windkraftanlagen. Springer, Berlin, Heidelberg 1988.
60. M. Geyer; H. Klaiß: 194 MW Solarstrom mit Rinnenkollektoren. Brennstoff-Wärme-Kraft 41 (1989), Heft 6, Seiten 288–295.
61. Ad-hoc-Ausschuß beim BMFT: Solare Wasserstoffenergiewirtschaft. Gutachten u. wiss. Beiträge. Bonn, April 1988.
62. C. P. Shea: Worldwatch Paper 81, Worldwatch Institute, Washington, DC, 1988.
63. D. Strese; J. Schindler: Kostendegression Photovoltaik. Studie der Ludwig-Bölkow-Systemtechnik im Auftrag des BMFT, Ottobrunn Mai 1988.
64. Siemens AG: Photovoltaik – eine Stellungnahme zu den Kosten für die großtechnische Fertigung kristalliner PV-Module und die Stromerzeugung aus PV-Kraftwerken. Erlangen, März 1988.
65. J. M. Odgen; R. H. Williams: Electrolytic Hydrogen from Amorphous Silicon Solar Cells. 7th World Hydrogen Energy Conf., Moscow, September 1988.
66. A. Siegel; S. Klein; T. Schott; H. Klaiß: Wirtschaftliche Optimierung von PV-Elektrolyse-Energiesystemen. Interner Bericht IB 444 003/88 der DFVLR. Stuttgart, April 1988.
67. H. Klaiß; J. Nitsch: Materialband „Import solar erzeugter Energieträger" zum Energiegutachten der Landesregierung Baden-Württemberg, Teil „Erneuerbare Energiequellen", DFVLR Stuttgart, September 1987.
68. E. Jochem u. a.: Zum Einfluß technisch-wirtschaftlicher Rahmenbedingungen für die Anwendungspotentiale neuer Technologien Rationeller Energienutzung. Forschungsbericht T 86-063 des BMFT, September 1986.
69. E. Jochem: Zum Konzept und den Realisierungsmöglichkeiten der Technikfolgen-Abschätzung am Beispiel der Solarenergienutzung in der BRD. Bericht JO 100/3-1, Karlsruhe 1987. Siehe auch Buchfassung: Lang, Frankfurt 1988.
70. D. Kearney; Y. Gilon: Design and Operation of the LUZ Parabolic Trough Solar Electric Plants. In: Solarthermische Kraftwerke zur Wärme- und Stromerzeugung. VDI-GET-Tagung, Köln, November 1988.
71. K. F. Müller-Reißmann; H. Bossel: Kriterien für Energieversorgungssysteme. Inst. f. Angewandte Systemforschung und Prognose (ISP), Hannover, August 1979.
72. Wicke: Die ökologischen Milliarden. Das kostet die zerstörte Umwelt – so können wir sie retten. München 1986.
73. C. Leipert: Folgekosten des Wirtschaftsprozesses und volkswirtschaftliche Gesamtrechnung. Bericht des IIUG, Rep. 87–22, Berlin 1987.
74. A. H. Award; T. N. Veziroglu: Hydrogen versus Synthetic Fossil Fuels. Int. Journ. Hydrogen Energy, 9 (1984), Heft 5, Seiten 355–366.
75. Statistisches Bundesamt Wiesbaden (Hrsg.): Statistisches Jahrbuch 1988 für die Bundesrepublik Deutschland.
76. H. J. Schiffer: Energiemarkt 1988. Energiewirtsch. Tagesfragen 39 (1989), Heft 3, Seiten 142–159.
77. H. Düngen: Zeitsch. f. Energiewirtsch. (1984), Heft 4, Seiten 262–269.
78. Erneuerbare Energiequellen – Stand, Aussichten, Arbeitsziele. BMFT, Bonn 1987.
79. Drucksache 11/2684 des Dt. Bundestages: Förderung und Nutzung Erneuerbarer Energiequellen in der BRD. Bonn, 20. Juli 1988.
80. Rationelle Energieverwendung in Industrie und Energiewirtschaft. BMFT-Information: Nr. 15/88 v. 30. März 1988.
81. G. Eisenbeiß: Symposium der Flachglas GmbH, Köln, März 1987.

82. Drucksache 11/13 des Dt. Bundestages.
83. J. O'M. Bockris; B. Dandapani: Int. Journ. Hydrogen Energy, 12 (1987), Heft 7, Seiten 439–444.
84. Vereinigung Industrielle Kraftwirtschaft (Hrsg.): Statistik der Energiewirtschaft 1984/85. Energieberatung, Essen.
85. World Energy Conference, Conservation Commission: Energy 2000–2020. Report coordinated and edited by J. R. Frisch, London 1983.
86. W. Häfele: Energy in a Finite World. Bullinger, Cambridge, Mass., USA, 1981.
87. Arbeitsgemeinschaft Energiebilanzen, versch. Jahrgänge, Frankfurt.
88. Die Elektrizitätswirtschaft in der BRD. Sonderdruck der Zeitschr. Elektrizitätswirtsch. versch. Jahrgänge.
89. DIW/EWI/RWI: Endenergieverbrauch in der Bundesrepublik Deutschland, Verlag TÜV Rheinland, Köln 1986.
90. VDEW Frankfurt; Institut für Energie- und Kraftwerkstechnik; TU München: Energieverbrauch in der BRD nach Anwendungsbereichen in den Jahren 1986 und 1987. Frankfurt 1988/89.
91. Stat. Bundesamt Wiesbaden (Hrsg.): Statistisches Jahrbuch für die Bundesrepublik Deutschland. Versch. Jahrgänge. W. Kohlhammer, Stuttgart, Mainz.
92. Elektrizitätswirtsch. 87 (1988), Heft 5.
93. Wachstum mit weniger Energie und mehr Umweltschonung. ESSO AG, Hamburg 1989.
94. Brennstoff-Wärme-Kraft 41 (1989), Heft 3, Seite 66.
95. American Wind Energy Association, 1988.
96. Department of Energy, Washington, DC.: Five Year Research Plan, May 1987.
97. J. Fricke (Hrsg.): Aerogels, Springer Proceedings in Physics 6. Springer, Berlin, Heidelberg, New York 1986.
98. J. Klien (Hrsg.): Kostengünstige Fernwärmetransport- und Verteilungssysteme. 8. Sitzung des Arbeitskreises Energieberatung. Institut Wohnen und Umwelt, Darmstadt, Juli 1988.
99. D. Strese: Einsatzmöglichkeiten der Photovoltaik zur Entlastung des Energiemarktes. Berichtsentwurf, Ludwig-Bölkow-Systemtechnik, Ottobrunn, Juli 1989.
100. „Energie besser genutzt". Zeitschr. für Kommunale Energiewirtschaft 11/89.
101. V. Wittwer; W. Platzer; M. Rommel: Transparent Insulation Materials. Proceed. ISES Solar World Congress, Kobe 1989.

Sachwortverzeichnis

Abfallbeseitigung 113
Abfallbiomasse 36, 43
Abschattungseffekte, Windenergie 51
Abwärme 22, 74
Arbeitspreis von Elektrizität 111

Bewertung
–, volkswirtschaftliche 113
Biogas 43
Bleibatterie 73
Blockheizkraftwerke 21
Brennholzgewinnung 34
Brennstoffaufbereitung,
–, nukleare 116
Brüterkraftwerk 1
Bruttosozialprodukt 6
–, Pro-Kopf 6

C/3-Hypothese 81
Clearness-Index 72
CO_2-Ausstoß 81, 94

Dachflächen 38, 52
Deckungsgrad, solarer 40, 97
Demonstrationsanlagen 95
Durchdringung 68

Effizienz
–, betriebswirtschaftliche 113
–, ökologische 113
–, technische 113
Einführungsgeschwindigkeit 95
Einspeisebedingungen 78
Einspeisevergütung 112
Elastizitätskoeffizient 6

Elektrizitätsverbrauch
(siehe Stromverbrauch)
Elektrolyse 74
Endenergieverbrauch 23, 28, 29
Energie
–, rationelle Verwendung
von 6, 9, 90
–, Rückgewinnung von 21
Energieausbeute 60
Energiedienstleistung 26
Energieintensität 9, 32
Energiequellen
–, erneuerbare 34, 57
–, fossile 61
–, lokale 55
–, nukleare 61
Energiesteuer 78
Energieszenarien 84, 89
Energieträger
–, erneuerbare 36
–, fossile 79
– import 87
–, Substitution von 23
Energieverbrauch
–, Entwicklungsländer 9
– für Raumheizung 13
–, Haushalte 11
–, Industrie 11
–, Industrieländer 9
–, Kleinverbraucher 11
–, Pro-Kopf 6
–, solarer 82
–, Verkehr 11
–, Vermeidung von 22
–, Welt 8
Energieversorgung
–, Dritte Welt 3
–, Kriterien 2, 113
–, Struktur der 56, 78

Sachwortverzeichnis

Energieversorgung, Szenarien der 24, 81-84, 89
Energiewirtschaftsgesetz 78
Erneuerbare Energiequellen, großfl. Nutzung 57, 58
Europäischer Windatlas 51

Fernwärmeversorgung 19, 21, 31, 85
Flächenbedarf 57, 83, 90
Flächenfaktor, Windenergie 47
Folgekosten 115
Förderung, öffentliche 125

Heizkraftwerke 73, 85
Heizwerke 85
Hemmnisse 114
Hochspannungsgleichstromübertragung 75
Holzvergasung 45
Hybridsysteme 72

Import von Wasserstoff 86
Investitionen 122

Kapitalrückfluß 114
Kernenergie 80, 81, 94
Klimaforschung 81
Klimaveränderung 1, 81, 116
Kollektoren
–, großflächige 100
–, solarthermische 38, 122
Kosten
– von Brennstoffen 95
– von Elektrolysen 106
– von Energieträgern 95
–, Entwicklung der 96
–, externe 35, 114
– von Fernwärme 95
– von Kollektoren 99
– photovoltaischer Anlagen 105
– solaren Wasserstoffs 107
– solarer Technologien 97
– solarthermischer Kraftwerke 103, 104
–, soziale 116
Kosten der Stromerzeugung 95
– von Windenergie 101, 122

Kostendegression 99
Kostenreduktion 95
Kraft-Wärme-Kopplung 19
Kraftwerke, konventionelle 62, 72
Kurzzeitspeicher, thermische 99

Landbedarf 86, 88
Leistungsschwankungen 62
Lernkurve 120
Logistische Kurve 119

Marktdiffusion 117
Markteinführung 78, 126
Marktpreise 95
Marktsättigung 119
Mißbrauch von Technologien 3
Müllverwertung 36, 43

Netze, elektrische 62

Off-shore-Anlagen 37
Ölpreiskrise 1

Paramterisierung, Szenarien 89
Pflanzenanbau 37
Photovoltaik 52, 54, 58
–, Anlagengrundtypen 52
–, Energieausbeute 52
–, Flächenbedarf 52
–, Flächennutzungsfaktor 52, 83
–, Fluktuationen 62
–, großflächige Anlagen 37
–, lokale Nutzung 37, 52
–, Modulwirkungsgrad 52
–, Systemwirkungsgrad 52, 60
Potential
–, Ausschöpfung des 77
–, Ermittlung von 35
– erneuerbarer Energien 52
–, lokales 54, 55, 57
– rationeller Energienutzung 78
–, technisches 35
–, wirtschaftliches 35
Primärenergie 13
Primärenergieverbrauch 29, 83, 92

Sachverzeichnis 135

Primärenergieäquivalent 56, 83
Primärregelung 62
Produktionskapazität 119
Pumpspeicherkraftwerke 47, 74, 85

Rationelle Energienutzung 78
Regenerative Energien,
  lokale Potentiale 52, 54, 78
Rentabilität 118, 127
Ressourcenerschöpfung 115

Schäden, volkswirtschaftliche 115
Sekundärenergieträger 11, 56
Sekundärregelung 62
Solarenergie 94
–, Einführung der 94
Solarindustrie 4, 120
Solarkraftwerke 60
– photovoltaische 60
– thermische 60
Solarstrom 37
Solarturmkraftwerke 75
Solarwärme 36
Speicher für elektrische
  Energie 73
Speicherbedarf 73
Speichersysteme 69, 73, 85
Strahlungsangebot 52
Stromintensität 32
Stromverbrauch 12, 17, 27
–, Haushalt 18
–, Haushaltsgeräte 17
Strukturveränderung 27
Substitutionsansatz 92
Subventionen 116, 123
Supraleitung 73
Systemfluktuationen 65

Tertiärregelung 62
Transport, interkontinentaler
  107, 111

Treibstoff
–, Bedarf an 28, 85
–, Bio- 85
Turbinenwirkungsgrad 104

Überschußenergie 68, 85
Umgebungswärme 36
Umwandlungsverluste 14
Umweltenergiegewinn 55
Umweltschäden 114

Verbrauch, nichtenergetischer 29
Verbundanlagen 31
Vergütungsbedingungen 111
Versorgungssicherheit 113
Verträglichkeit
–, soziale 113
Verursacherprinzip 114

Wachstumsannahmen 26
Wärmepumpe 18, 19
Wärmerückgewinnung 19
Wärmeschutzverordnung 15
Warmwassersysteme 37
Wasserkraft 36, 46
Wasserstoff 37, 60, 73, 90, 94
–, Endenergieträger 75
–, solarer 86, 87
–, Treibstoff 76
Wasserstoffspeicher 74, 85
Wiederaufbereitung 1
Windatlasverfahren 51
Windenergie 47, 54, 58
–, Abschattungseffekte 51
–, Flächeneinschränkung 47
–, Fluktuationen 62
–, lokale Nutzung 47
–, realistisches Potential 51
–, technisches Potential 47
Windfarmen 37
Windparks 51

MIX
Papier aus verantwortungsvollen Quellen
Paper from responsible sources
FSC® C105338

If you have any concerns about our products,
you can contact us on
ProductSafety@springernature.com

In case Publisher is established outside the EU,
the EU authorized representative is:
**Springer Nature Customer Service Center GmbH
Europaplatz 3, 69115 Heidelberg, Germany**

Printed by Libri Plureos GmbH
in Hamburg, Germany